国家级工程训练示范中心"十三五"规划教材

电子工程训练与创新实践

（第2版）

叶懋 唐宁 魏德强 主编

许金 李珊 李姮 副主编

清华大学出版社

北京

内 容 简 介

本书以满足本科高校开设综合性、设计性、创新性电子技术课程为目标,以基本生产工艺知识和有关设计要求为基础,以现代电子产品的设计周期为主线贯穿全书,根据电子信息类应用人才的培养要求,突出"实用性"与"实践性",全书分为 9 章,涵盖常用元器件的识别与测量、PCB 的设计与制作、开源硬件 Arduino 的入门、THT 和 SMT 工艺、电路装配与调试等内容。除此之外,还涵盖了如何从电子元件厂商的官方网站查询所需的器件、如何根据器件的数据手册获得设计所需的相应信息、如何根据器件数据手册中的封装信息设计元件的 PCB 封装等工程应用性较强的内容。

本书既可作为高等院校工科专业学生电子工程训练、电工电子实训的教材,也可供电子爱好者,电子产品开发、设计及大专院校相关专业的师生阅读参考。

图书在版编目(CIP)数据

电子工程训练与创新实践/叶懋,唐宁,魏德强主编.—2 版.—北京:清华大学出版社,2019(2024.8重印)
(国家级工程训练示范中心"十三五"规划教材)
ISBN 978-7-302-53374-0

Ⅰ.①电… Ⅱ.①叶… ②唐… ③魏… Ⅲ.①电子技术-高等学校-教材 Ⅳ.①TN

中国版本图书馆 CIP 数据核字(2019)第 169858 号

责任编辑:冯 昕
封面设计:常雪影
责任校对:王淑云
责任印制:沈 露

出版发行:清华大学出版社
　　　网　　　址:https://www.tup.com.cn,https://www.wqxuetang.com
　　　地　　　址:北京清华大学学研大厦 A 座　　　　　　邮　编:100084
　　　社　总　机:010-83470000　　　　　　　　　　　　邮　购:010-62786544
　　　投稿与读者服务:010-62776969,c-service@tup.tsinghua.edu.cn
　　　质量反馈:010-62772015,zhiliang@tup.tsinghua.edu.cn
印　装　者:北京鑫海金澳胶印有限公司
经　　销:全国新华书店
开　　本:185mm×260mm　　印　张:10.5　　插 页:2　　字　数:257 千字
版　　次:2016 年 9 月第 1 版　　2019 年 6 月第 2 版　　印　次:2024 年 8 月第 6 次印刷
定　　价:30.00 元

产品编号:083599-01

前言

FOREWORD

经过多年的探索,桂林电子科技大学教学实践部在思考创新创业教育的过程中逐渐得出了:"创新之根在实践,创业之根在创新"的教学理念,因此将实践的要求提高到一个较高的层次。对于工科高等院校来说,工程训练类课程是一个极佳的实践环节,是培养具有创新意识和工程素质人才的一个重要的教学环节。学生在工程训练类课程中,结合所学理论知识,通过大量的实践性操作和训练,培养了分析和解决现实工程问题的能力,是理论课程的有益补充。同时,对于实践中碰到的一些问题或疑惑,学生可以从书本上寻找答案,从而能够加深对理论知识的理解。这样,理论知识和实践训练实现了互动,符合知识积累的法则,就能够培养出真正具备大工程素质和创新精神的高素质人才。因此,继续深化工程训练内容体系的教学改革,探索如何使工程训练中心在"大众创业、万众创新"大环境下更加切实地开展创新教育,更加有效地培养学生创新思维,无疑将是新形势下高校工程训练中心面临的紧迫任务。

本书在上一版的基础上,根据教学改革的最新成果与实验设备的更新进行了相应的改编,具体为:新增了基于开源硬件跨专业设计系统的内容;利用激光成形系统制板替换了原有的基于化学腐蚀的制板工艺的内容,以满足课程需求与日益剧增环保需求;根据上一版使用情况的反馈进行了相应的修改。

与上一版一样,本书以电子基本工艺知识为基础,以现代电子产品的设计周期为主线贯穿全书,对电子产品工艺设计制造过程做了全面介绍,是电子工艺技术领域比较系统而全面的参考书。除常见内容外还涵盖了如何从电子元件厂商的官方网站查询所需的器件、如何根据器件的数据手册获得相应信息、如何根据器件数据手册中的封装信息设计元件的 PCB 封装等工程应用性较强的内容。

本书由桂林电子科技大学教学实践部电子工程训练中心组织编写,由叶懋、唐宁、魏德强担任主编,许金、李珊、李姮担任副主编。参加编写工作的有陈震华、盘资春、覃阳、李辉、廖秋丽。全书由唐宁副教授统稿;清华大学出版社苗庆波老师对本书提出许多宝贵意见,正是大家的共同努力才促成了本书的出版。

尽管作者在电子工程训练的教材建设方面作了许多努力,但由于水平所限,书中不妥之处在所难免,敬请读者批评指正。

编　者

2019 年 5 月

目 录

CONTENTS

第1章

常见电子元器件基本知识

1.1 电　　阻

电阻(resistance,通常用 R 表示)在物理学中表示一个物体对流过自身电流的阻碍能力的大小,方程定义为

$$R = U/I$$

其中 U 是加在导体两端的电压, I 是通过导体的电流。

国际单位制中,电阻的单位为欧姆(Ω),其定义为:在一个无电动势导体的两端加上 1 V 电压,若导体可产生 1 A 电流,则这个导体两端的电阻值大小为 1 Ω。生活中很多物体都存在一定的电阻,例如在一般环境下,人体的电阻为 2 kΩ～20 MΩ。

电阻器(resistor)是电子电路中常见的一种耗能元件,其主要物理特征是将电能转化成热能。电阻器在电路中的主要功能是阻碍电流流过,常用来限流、降压、分流、分压或与电容组合为滤波器以及阻抗匹配等。实际的电阻器可以由薄膜、水泥、高电阻系数的镍铬合金等不同的材质组成。电阻器按其阻值特性可以分为定值电阻、可变电阻和特殊电阻等。(在本书后文中一般将电阻器简称为电阻,而某一器件的电阻大小用阻值来表示,而不直接使用电阻)。

定值电阻是电路中最常见的元件,其特点是电阻值在一般情况下不会发生改变,保持额定阻值。这类电阻主要有碳膜电阻、金属膜电阻、绕线电阻以及水泥电阻等。电阻的主要参数有阻值、额定功率、误差、最高工作电压和温度系数等。一般情况下,选择电阻的时候主要考虑电阻的阻值与额定功率两个参数。

1.1.1 电阻的主要性能参数

1. 阻值

电子元件的生产厂商为了便于元件规格的管理、选用并符合大规模生产的要求,同时也为了控制电阻的规格种类不致太多,协商采用了统一的标准组成电阻的数值。标准的原则是宽容一定的误差,并以指数间距为标准规格。这种标准已在国际上被广泛采用,这些系列的阻值就叫作电阻的标称阻值。

电阻的标称阻值分为 E6、E12、E24、E48、E96、E192 等系列,分别适用于允许偏差为 ±20%、±10%、±5%、±2%、±1% 和 ±0.5% 的电阻器,其中 E24 系列最为常用。其标称

值如表 1.1 所示,E24 系列电阻的阻值为标称值的 10^n 倍($n=0,1,2,3,\cdots$)。

表 1.1　E24 系列电阻标称值

电阻标称值							
1.0	1.1	1.2	1.3	1.5	1.6	1.8	2.0
2.2	2.4	2.7	3.0	3.3	3.6	3.9	4.3
4.7	5.1	5.6	6.2	6.8	7.5	8.2	9.1

从表 1.1 中可以看出,该系列是以 1.1 为公比的等比数列近似而得,而 1.1 这个公比是 $\sqrt[24]{10}$ 的近似值。另外 E6、E12、E48 等这些系列分别是以 $\sqrt[6]{10}$、$\sqrt[12]{10}$、$\sqrt[48]{10}$ 的近似值为公比的等比数列。

2. 额定功率

电阻的额定功率是指电阻在一定的环境温度和湿度条件下长期连续工作所允许承受的最大功率。当功率一旦超过额定功率,电阻阻值将发生改变,严重时甚至烧毁。常用电阻的额定功率有 $\frac{1}{8}$ W、$\frac{1}{4}$ W、$\frac{1}{2}$ W、1 W、2 W、4 W 等,其中又以 $\frac{1}{4}$ W 最为常见。

1.1.2　电阻的标注与识别

电阻的标注有两种较为常见的方式:数字标注法和色环标注法。

1. 数字标注法

数字标注法常用于贴片电阻上,根据电阻的系列、阻值大小以及阻值精度误差的不同,常见的数字标注方法分为:常规 3 位数标注法、常规 4 位数标注法、3 位数乘数代码标注法、R 表示小数点位置与 m 表示小数点位置。

(1) 常规 3 位数标注法:在电阻上标注 3 位数"X_1X_2Y",前两位"X_1X_2"为有效数,第三位"Y"代表 10 的 Y 次幂,则该电阻的阻值为 $X_1X_2\times10^Y(\Omega)$,这种标注法常用于 $\pm5\%$ 精度的电阻标注。例如:电阻标示为"181",则该电阻阻值为 180 Ω。

(2) 常规 4 位数标注法:在电阻上标注 4 位数"$X_1X_2X_3Y$",前三位"$X_1X_2X_3$"表示有效数,第四位表示 10 的 Y 次幂,电阻值为 $X_1X_2X_3\times10^Y(\Omega)$,这种标注法常用于 $\pm1\%$ 精度的电阻标注。

(3) 3 位数乘数代码标注法:在电阻上标注 3 位数"X_1X_2Y",前两位"X_1X_2"指有效数的代码,具体的有效值需通过该代码查询代码表得到,转换的相应阻值为"XXX";后一位"Y"指 10 的几次幂的转换代码,具体值可从乘数代码表中查找。这种标注法通常用于 E-96 系列电阻。E-96 乘数代码如表 1.2 所示,E-96 阻值代码如表 1.3 所示。

表 1.2　乘数代码表

代码	A	B	C	D	E	F	G	H	X	Y	Z
乘数	10^0	10^1	10^2	10^3	10^4	10^5	10^6	10^7	10^{-1}	10^{-2}	10^{-3}

表 1.3 E-96 阻值代码表

代码	阻值	代码	阻值	代码	阻值	代码	阻值
01	100	25	178	49	316	73	562
02	102	26	182	50	324	74	576
03	105	27	187	51	332	75	590
04	107	28	191	52	240	76	604
05	110	29	196	53	348	77	619
06	113	30	200	54	357	78	634
07	115	31	205	55	365	79	649
08	118	32	210	56	374	80	665
09	121	33	215	57	383	81	681
10	124	34	221	58	392	82	698
11	127	35	226	59	402	83	715
12	130	36	232	60	412	84	732
13	133	37	237	61	422	85	750
14	137	38	243	62	432	86	768
15	140	39	249	63	442	87	787
16	143	40	255	64	453	88	806
17	147	41	261	65	464	89	825
18	150	42	267	66	475	90	845
19	154	43	274	67	487	91	866
20	158	44	280	68	499	92	887
21	162	45	287	69	511	93	909
22	165	46	294	70	523	94	931
23	169	47	301	71	536	95	953
24	174	48	309	72	549	96	976

例如:一个贴片电阻表面标注为"51X",通过查表可知代码"51"对应的有效数为332,"X"对应的乘数为10^{-1},由此可知该电阻阻值$R=332\times10^{-1}\ \Omega=33.2\ \Omega$。

(4)R 表示小数点位置与 m 表示小数点位置:通常分别用来表示单位为欧姆(Ω)和毫欧姆($m\Omega$)的电阻。

例如:标注为 4R7 电阻阻值为 4.7 Ω;标注为 5m1 电阻阻值为 5.1 $m\Omega$。

2. 色环标注法

色环标注法一般用于直插电阻上,现在常见的色环标注法为五道色环和四道色环电阻标注法,掌握根据色环读出电阻阻值的方法可以使电路装配、调试以及维修达到事半功倍的效果,是从事电子相关产业研发和维修人员必备的技能。

色环标注法中,色环的位置和颜色决定了电阻阻值,五道色环标注的前 3 道色环表示电阻阻值的有效值,第 4 道色环表示 10 的幂数(可称为倍乘/倍率),第 5 道色环为误差,如图 1.1 所示。

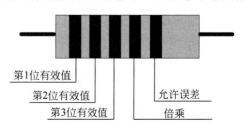

图 1.1 五道色环电阻示意图

在色环标示法中，色环颜色的意义如表1.4所示。

表 1.4　电阻色环颜色的意义

颜色	有效值	倍乘	误　　差
黑	0	10^0	
棕	1	10^1	$\pm1\%$
红	2	10^2	$\pm2\%$
橙	3	10^3	
黄	4	10^4	
绿	5	10^5	$\pm0.5\%$
蓝	6	10^6	$\pm0.25\%$
紫	7	10^7	0.1%
灰	8	10^8	
白	9	10^9	
金		10^{-1}	$\pm5\%$
银		10^{-2}	$\pm10\%$

例如：五道色环电阻的色环排列为白、棕、黑、棕、棕，表示该电阻为 9.1 kΩ，有 $\pm1\%$ 的误差。

四道色环电阻的色环意义同表1.4，与五道色环电阻不同的是四道色环电阻只有前两环为有效值，第 3 环表示 10 的幂数，第 4 环表示误差。

注意：现在市场上有些厂商生产的电阻色环颜色不易分辨，在有测试条件的时候均应测试阻值后才可使用。

1.1.3　电阻的选用与测试

1. 电阻的选用

电阻选型时应根据电路特点选择合适功率与材质的电阻。一般情况下，选择电阻时应保证额定功率大于它在电路中消耗功率的 1 倍以上，当电阻的功率大于 10 W 时要考虑电阻的散热问题。若电路系统是高频电路，一般不宜选用绕线电阻，因为绕线电阻的分布参数（即电阻的分布电感和分布电容）较大，此时应选用碳膜电阻、金属膜电阻等分布参数较小的电阻。

2. 电阻的测试

1）使用模拟（指针式）万用表

指针式万用表欧姆挡可以测量导体的电阻。欧姆挡用"Ω"表示，分为 $R\times1$、$R\times10$、$R\times100$、$R\times1$ k 以及 $R\times10$ k 挡。使用指针式万用表欧姆挡测电阻，应遵循以下步骤。

（1）将选择开关置于电阻挡，将两表笔短接，调整电阻零位调整旋钮，使表针指向电阻刻度线右端的零位。若指针无法调到零点，说明表内电池电压不足，应更换电池。

（2）用红黑表笔分别接触被测电阻两引脚进行测量。正确读出指针所指电阻的数值，再乘以倍率（如选择 $R\times100$ 挡应将读数乘以 100），所得结果就是被测电阻的阻值。

（3）为使测量较为准确，测量时应使指针指在刻度线中心位置附近。若指针偏角较小，应调高挡位；若指针偏角较大，应调低挡位。每次换挡后，应再次将两表笔短接，调整电阻零位调整旋钮后再进行测量。

（4）测量结束后，应拔出表笔，将选择开关置于 OFF 挡或交流电压最大挡位。收好万用表。

2）使用数字万用表

使用数字万用表测量电阻较为方便，只需在测量前预判待测电阻阻值的大概范围再选择相应量程去测量即可。如不知大概范围，则应将挡位打到最大量程后依次减小量程测量。注意读数时的单位：在"200"挡时单位是"Ω"，在"2 k"到"200 k"挡时单位为"kΩ"，"2M"挡及以上的单位是"MΩ"

注意：①被测电阻应从电路中拆下后再测量；②两只表笔不要长时间碰在一起；③两只手不能同时接触两根表笔的金属杆或被测电阻两根引脚。

1.1.4　常见定值电阻的 PCB 封装

为了实现具有一定功能的电路系统，需要将各个元器件之间引脚有机地连接起来，也就是要将电路图中器件引脚之间的连线转化成实际的物理连线，这些实际的物理连线就是印制电路板（printed circuit board，PCB）上的印制导线，而器件 PCB 封装（后文简称封装）的焊盘，又是真实器件的引脚与 PCB 上印制导线连接的桥梁。在设计 PCB 的过程中，器件封装的正确与否直接关系到最终电路系统是否能正确装配与正常工作。

1. 色环电阻的额定功率与封装

直插色环电阻的体积往往与其额定功率成正比。图 1.2 所示为直插色环电阻的外形，其中体积较大电阻的额定功率为 0.5 W，体积较小电阻的额定功率为 0.25 W。

在设计 PCB 时，需要根据设计需求来确定电阻的额定功率，进而确定电阻的封装。电路设计软件有很多，本书中使用 Altium Designer（DXP）讲解 PCB 电路设计相关内容。图 1.3 所示为色环电阻在 DXP 软件中的电路符号。在设计 PCB 的时候，对于色环电阻，目前业界一般采

图 1.2　直插色环电阻

用卧式装配。如图 1.4 所示为一个色环电阻的封装，它有两个分别标有 1、2 序号的圆形通孔焊盘，该封装在 DXP 软件中的名称是 AXIAL-X.Y，其中 X.Y 可能为 0.3,0.4,0.5,0.6，0.7,0.8,0.9,1.0。此封装名称中包含了两层意思：其一，AXIAL 是轴向，即卧式装配；其二，X.Y 的数值则表示两个焊盘圆心间的距离。例如，AXIAL-0.3 中的 0.3 指的是两个焊盘圆心间的距离为 0.3 in（1 in＝25.4 mm）。因此，从色环电阻额定功率的大小可以得出其与封装的对应关系。一般额定功率为 0.5 W 的电阻除引脚外的长度约为 0.35 in，额定功率为 0.25 W 的电阻的长度约为 0.25 in，考虑到弯折引脚的长度，分别选用 AXIAL-0.5 和 AXIAL-0.4 封装，其他功率的电阻封装选择可参考表 1.5。

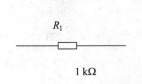

R_1

$1\,\text{k}\Omega$

图 1.3　DXP 软件中电阻的电路符号

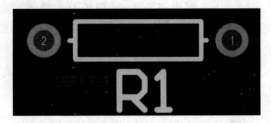

图 1.4　DXP 软件中直插色环电阻的封装

表 1.5　色环电阻额定功率与封装参考表

额定功率/W	1/8	1/4	1/2	1	2	3	5
封装名称	AXIAL-0.3	AXIAL-0.4	AXIAL-0.5	AXIAL-0.6	AXIAL-0.8	AXIAL-1.0	AXIAL-1.2

2. 贴片电阻的封装与尺寸

随着电子技术的发展,原来常用的色环直插电阻已经满足不了电子产品对功耗、体积的需求,因此外形小、精度高、耐潮湿、耐高温的贴片电阻(SMD resistor)应用越来越广泛。贴片电阻外形如图 1.5 所示。贴片电阻又叫作片式固定电阻器(chip fixed resistor)或矩形片状电阻(rectangular chip resistors),是由 ROHM 公司发明并最早推向市场的。贴片电阻(chip resistors)按生产工艺可分为厚膜贴片(thick film)电阻和薄膜贴片(thin film)电阻两种。厚膜贴片电阻是将电阻性材料通过丝网印刷使其淀积在绝缘基体(例如玻璃或氧化铝陶瓷)上,然后烧结而成。薄膜贴片电阻是在真空中采用蒸发和溅射等工艺将电阻性材料淀积在绝缘基体工艺制成,其特点是具有低温度系数($\pm5\times10^{-6}/℃$)和高精度($\pm0.01\%\sim\pm1\%$)。通常所见的多为厚膜片式电阻,温度系数为 $\pm50\times10^{-6}/℃\sim\pm400\times10^{-6}/℃$,精度范围为 $\pm0.5\%\sim\pm10\%$。

贴片电阻的封装有 0201、0402、0603、0805 等。这些封装名称来源于器件的长和宽,比如 0805 封装的贴片电阻的长为 0.08 in(2 mm),宽为 0.05 in(1.25 mm)。与色环电阻一样,贴片电阻的额定功率与外形尺寸也有对应关系,具体如表 1.6 所示。在 DXP 软件中贴片电阻的 PCB 封装如图 1.6 所示。

图 1.5　贴片电阻外形

图 1.6　DXP 软件中贴片电阻的 PCB 封装

表 1.6　贴片电阻额定功率与封装

封装	额定功率/W	最高电压/V
0201	1/20	15
0402	1/16	50
0603	1/10	50
0805	1/8	150
1206	1/4	200
2010	1/2	200
2512	1	200

1.1.5　可变电阻

与定值电阻不同,可变电阻是在工作过程中,其阻值可以变化的一类电阻的总称。根据引起改变的原因大致可分为两大类:其一是由人为调节改变阻值,这类一般称为电位器(potentiometer,Pot),也叫作可变电阻器(variable resistor,VR);其二是阻值受环境影响而改变,这类中根据引起阻值改变的因素又可分为很多种,常见的有热敏电阻、光敏电阻、压敏电阻等。

1. 电位器

电位器是一种可以方便地改变自身阻值的电子器件,因为具有方便改变阻值的特点,使得其在电子电路的早期阶段得到了广泛使用。电位器可方便地调节放大器的偏移电压或增益、调谐滤波器、控制音量以及屏幕亮度等。目前电位器可以简单分为两个类型:传统的机械式电位器和数字电位器。

机械式电位器的外形千变万化,但是其结构和工作原理基本一致。如图 1.7 所示,机械式电位器一般由一个阻值很大的电阻体作为主体,电阻体通常由碳膜或多圈电阻丝构成,在外部有两个固定端(A、B)分别与电阻体的两端相连接,第 3 个端子(C)通常与内部的滑动臂相连接。通过改变滑动触点在电阻体上的位置,调节 C 端与 A、B 端之间的电阻阻值,从而达到改变电阻的目的。

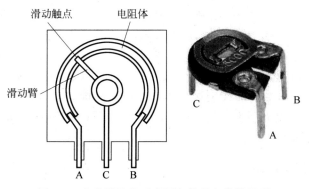

图 1.7　电位器结构示意图与简单电位器外形

常见的电位器的标识有两种：一种是直接标出该电阻的最大阻值；另外一种是采用"常规3位数标注法"，详见1.1.2节。

机械式电位器的测量与判断：在实际的电路调试过程中经常需要判断一个电位器是否工作正常。判断方法：首先根据电位器的标称阻值选择相应的量程，测试A、B端的电阻是否与标称值相符，如果不相符则说明电位器已经损坏，如果相符则将表笔分别与A、C两端或者分别与B、C两端相连接，同时改变滑动臂，看A、C端或B、C端阻值是否随着滑动臂的改变而线性变化，如果线性变化则说明该电位器能够正常工作，否则就应该更换电位器。

机械式电位器因在使用过程中需经常调整滑动臂，而造成机械磨损，使得机械式电位器的寿命比较短。机械式电位器本身还存在另外一些固有的局限，比如尺寸大小、精度不高、电阻漂移、对振动和湿度敏感以及布局缺乏灵活性等，越来越不能满足现代电路系统的需求。随着半导体工艺的发展，具有使用灵活、调节精度高、无触点、低噪声、不易污损、抗振动、抗干扰、体积小、寿命长等显著优点的数字电位器(digital potentiometer)的应用越来越广泛，成为了传统机械式电位器的最佳替代产品。

数字电位器的内部简化电路如图1.8所示。其内部核心的部分可以看成由n个阻值相同的电阻(R_s)以串联的方式组成电阻阵列，电阻阵列的两端同样也由两个端子(A、B)与外部电路相连接，电阻阵列中每两个电阻串联的连接处均通过一个"开关"连接到数字电位器的外部端子(W)，该端子就类似于机械式电位器的滑动臂端。

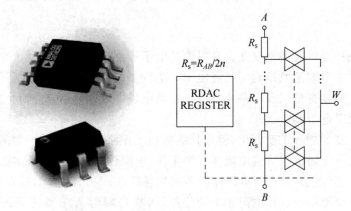

图1.8   数字电位器的外形与内部结构

数字电位器正常工作时，外部电路将一个数字命令通过接口电路传送到数字电位器内部，经由译码器译码后得到一个n位二进制代码，每位代码都唯一控制着1个"开关"断开或闭合，在任何时刻只有一个开关处于闭合状态，其他开关均处于断开状态，这样就达到改变阻值的目的。根据外部电路传递命令的方式不同，常见的数字电位器与外部电路的接口有：I^2C、SPI以及内部带有计数器的按键接口等。在掉电后能自动保持当前滑动端位置，并在下次通电后能恢复此位置的称作"非易失性数字电位器"；而掉电后不保存当前位置的称为"易失性数字电位器"。

2. 其他类型可变电阻器

其他类型可变电阻器，通常意义上已经属于传感器的范畴了，这一类传感器统称为电阻式传感器。

1）热敏电阻

顾名思义,热敏电阻的阻值随着其附近温度的变化而改变。常见的热敏电阻有两类：正温度系数（positive temperature coefficient,PTC）和负温度系数（negative temperature coefficient,NTC）热敏电阻,其中 PTC 热敏电阻的特点是当温度升高的时候阻值升高,NTC 热敏电阻的特点是当温度升高的时候阻值降低。

测量热敏电阻时,用万用表欧姆挡（视标称电阻值确定挡位）,具体可分两步操作：首先常温检测（室内温度接近 25℃）,实际阻值与标称阻值相差在±2 Ω 内即为正常。实际阻值若与标称阻值相差过大,则说明电阻性能不良或已损坏。在常温测试正常的基础上,可进行第二步测试——加温检测,将热源靠近热敏电阻对其加热,观察万用表示数,此时若看到万用表示数随温度的升高而改变,这表明阻值在逐渐改变（NTC 阻值会变小,PTC 阻值会变大）,当阻值改变到一定数值时,数据会逐渐稳定,说明热敏电阻正常,反之,说明其性能变劣,不能继续使用。

注意：①标称值是生产厂家在环境温度为 25℃ 时所测阻值,所以用万用表测量标称值时,亦应在环境温度接近 25℃ 时进行,以保证测试的可信度；②测量功率不得超过规定值,以免电流热效应引起测量误差；③注意正确操作,测试时,不要用手捏住热敏电阻体,以防止人体温度对测试产生影响；④注意不要使热源与 PTC 热敏电阻靠得过近或直接接触热敏电阻,以防止将其烫坏。

2）光敏电阻

光敏（photocell）电阻是一种特殊的电阻,它在一定波长范围内的光照下,光强增大阻值减小,光强减弱阻值增大,其常见外形如图 1.9 所示。与光敏电阻相关的还有两个概念：一是暗电阻,指的是室温下完全没有光线照射的状态下的阻值；二是亮电阻,指的是室温下有充足光线照射状态下的阻值。

3）压敏电阻

压敏电阻（voltage dependent resistor,VDR）,又叫变阻器、变阻体或突波吸收器,是一种具有显著非欧姆导体性质的电子元件,该器件的阻值会随外部电压的改变而改变,因此它的电流-电压特性曲线具有显著的非线性。压敏电阻的特点是当高压来到时,压敏电阻的阻值降低而将电流分流,从而保护电路系统。压敏电阻广泛地应用在电子线路中,来避免因为电力供应系统的暂态电压突波可能对电路造成的损伤。该器件通常与被保护的设备或元器件并联使用,常见外形如图 1.10 所示。

图 1.9　常见光敏电阻外形

图 1.10　常见压敏电阻外形

1.2　电　容

电容(capacitance)指的是在给定电势差的情况下,电容器存储电荷的能力,单位是法拉,标记为 F。法拉是一个很大的单位,常见电容单位通常为微法(μF)、纳法(nF)、皮法(pF),它们之间的关系是:

$$1\ F = 1\ 000\ 000\ μF,\quad 1\ μF = 1000\ nF = 1\ 000\ 000\ pF$$

电容器(capacitor)顾名思义是"装电的容器"(本书后文中如无特殊说明简称电容),是一种能容纳电荷的器件。电容是电路系统中大量使用的电子元件之一,其特点是隔直通交,在电路中起耦合、旁路、滤波、调谐回路、储能等作用。

从结构上来说,最简单的电容就是由两个极板以及两极板间的绝缘介质构成的。当电压加载在电容两端,就会在两个极板之间形成电场来储存能量,两个极板所带的电荷大小相等,但符号相反。如果加载的电压增大到超过一定值(临界电压)时,就会使得两极板之间的绝缘介质被击穿,电容被击穿后会造成漏电,严重时形成短路。根据绝缘介质的材质不同,有些电容击穿后还能继续使用,有些击穿后就永久损坏了。所以电容在选用的过程中除了要考虑自身电容值外,还必须考虑电容自身的耐压值,即工作电压不能超过电容自身的耐压值。

1.2.1　电容的作用

电容作为无源元器件,在电路中起旁路、去耦、滤波等作用。

可将信号中的高频成分旁路掉的电容,称为"旁路电容"。旁路电容也可为本地器件提供储能,降低负载需求,能够很好地防止输入值过大而导致的地电位抬高或产生噪声。

去耦电容就是起到一个"电池"的作用,满足驱动电路中电流的变化,避免相互间的耦合干扰。将旁路电容和去耦电容结合起来理解将更容易。旁路电容实际也是去耦合的,只是旁路电容一般是指高频旁路,旁路电容的作用是提供一条低阻对地途径,让高频噪声能通过这个低阻途径直接到地。高频旁路电容的容量通常比较小,根据谐振频率一般取 $0.1\ μF$、$0.01\ μF$ 等;而去耦合电容的容量一般较大,可能是 $10\ μF$ 或者更大,它依据电路中分布参数以及驱动电流的变化大小来确定。旁路是把输入信号中的干扰作为滤除对象,而去耦是把输出信号的干扰作为滤除对象,防止干扰信号返回电源。

电容的特点是隔直通交、通高阻低,这就为其用于滤波提供了条件。具体用在滤波中时,大电容滤低频,小电容滤高频。由于电容的两端电压不会突变,信号频率越高则衰减越大。可形象地说电容像个水塘,不会因几滴水的加入或蒸发而引起水量的变化。它把电压的变动转化为电流的变化,频率越高,峰值电流就越大,从而缓冲了电压。

除此特性外,电容还有储能的作用。储能型电容器通过整流器收集电荷,并将存储的能量通过变换器引线传送至电源的输出端。根据不同的电源要求,器件之间有时会采用串联、并联或串并联组合的形式,对于功率超过 $10\ kW$ 的电源,通常采用体积较大的罐形螺旋端子电容器。

1.2.2 无极性电容

1. 无极性电容简介

无极性电容是一种用于存储电荷的电容,使用时不区分极性,如陶瓷电容和薄膜电容。无极性电容的容量大多在 $1\,\mu\text{F}$ 以下,主要用在谐振、耦合、选频、限流等电路。无极性电容形状千奇百状,有管形、变形长方形、片形、方形、圆形、组合方形及圆形等。

瓷片电容(ceramic capacitor)是无极性电容的一种,它利用陶瓷材料作介质,在陶瓷表面涂覆一层金属薄膜,再经高温烧结后作为电极。瓷片电容的优点是体积小、耐高压、价格低廉、频率高;缺点是电容量比较小,电容值从 $1\,\text{pF}$ 到 $0.1\,\mu\text{F}$。常见的瓷片电容外形如图 1.11 所示,其标注通常都不带单位,一般单位默认为 pF。若标注为图 1.11 所示的三位数,该读数可参照 1.1.2 节的"常规 3 位数标注法"来读数。比如,图中所标注 103 即表示电容的容值 $C=10\times10^3\,\text{pF}=10\,000\,\text{pF}=0.01\,\mu\text{F}$。

与电阻相似,直插电容也正在逐步被贴片电容代替。贴片电容也叫多层片式陶瓷电容器(multi-layer ceramic capacitors,MLCC),是目前用量比较大的电子元件之一。在使用无极性贴片电容时尤其需要注意,贴片电阻的表面标识出了该电阻的阻值,而无极性贴片电容的表面无任何标识,外形如图 1.12 所示,因此在取用时必须小心区分,切勿将不同容值的贴片电容混在一起。

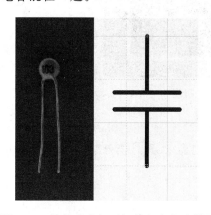

图 1.11　瓷片电容与无极性电容电路符号

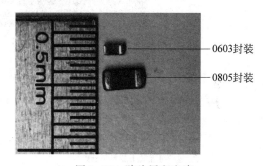

0603封装

0805封装

图 1.12　贴片层积电容

目前贴片电容根据其填充介质不同可分为 NPO、X7R、Z5U、Y5V 等不同类型,不同类型的贴片电容有不同的用途。

NPO 电容是电容量和介质损耗最稳定的电容之一。NPO 电容适用于旁路电容和耦合电容。

X7R 电容被称为温度稳定型的陶瓷电容。当温度在 $-55\sim125\,^{\circ}\text{C}$ 时,其容量变化不超过 15%。X7R 电容主要应用于要求不高的工业生产中。

Z5U 电容又称为通用陶瓷单片电容。Z5U 电容的主要优点在于它的小尺寸和低成本,缺点在于它的电容量受环境和工作条件影响较大,它的老化率每 10 年可达 5%。尽管它的容量不稳定,但它具有体积小、等效串联电感(ESL)和等效串联电阻(ESR)低、频率响应良好等特性,使其具有广泛的应用范围。

Y5V电容是一种有一定温度限制的通用电容器。它的温度特性最差,但它的高介电常数允许在较小的物理尺寸下制造出几微法电容器,是低容值铝电解电容的理想替代品。

2. 无极性电容的测试

可以使用万用表对无极性电容的好坏进行检测。检测 100 pF 以下的小电容,选用万用表 $R \times 10 \text{ k}\Omega$ 挡,将万用表两表笔分别任意接电容的两个引脚,阻值应为无穷大。检测 0.01 μF 以上的固定电容时,先用两表笔触碰电容的两引脚,然后调换表笔顺序再触碰一次,指针式万用表的指针应向右摆动一下,随后向左迅速返回无穷大位置。

3. 无极性电容的 PCB 封装

直插瓷片电容的 PCB 封装名称以 RAD 标识,有 RAD-0.1、RAD-0.2、RAD-0.3、RAD-0.4,后面的数字表示焊盘中心孔间距,其封装样式如图 1.13 所示。

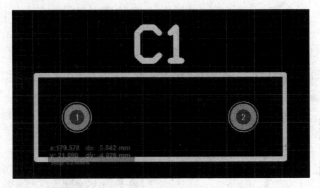

图 1.13　瓷片电容的 PCB 封装

贴片电容的封装与贴片电阻的封装相似,也有 0201、0402、0603、0805 等,目前常用 0805 和 0603,选用的趋势也向封装小型化发展。由于电容 PCB 封装与贴片电阻封装相似,此处不再复述。

1.2.3　有极性电容

理想的电容是没有极性的,但是如果要做一个大容量的无极性电容,就必须将电容的体积做得很大。所以,为了获得大容量就必须使用一些特殊的材料和结构,才能在一定体积下做出容量更大的电容,这同时导致了实际的电容有些是有极性的。常见的有极性电容有铝电解电容、钽电解电容等。在使用有极性电容时必须注意电解电容的正负极不可接反,如果接反,电容内的电解作用会反向进行,造成漏电流急剧增加,其后果视加载在两端的电压而定。如加载电压较小则电路工作不正常,如电压较大则电容迅速发热甚至会引起电容炸裂甚至是爆炸。本节将介绍两种常见有极性电容:铝电解电容和钽电容。

1. 铝电解电容

铝电解电容由铝圆筒做负极,往圆筒内注入液体电解质,并插入一片弯曲的铝带作为正极。铝电解电容是比较常用的极性电容器。铝电解电容的优点是单位体积的容量较其他类型的电容更大,耐压更高;缺点是漏电大,容量误差大,工作温度范围窄,且温度稳定性较差。

铝电解电容的常见外形如图 1.14 所示,靠近其外壳有一条标有"—"的引脚,即为铝电解电容的负极,另一引脚即为正极,同时也可以根据引脚的长度判断正负极(长正短负)。

在铝电解电容的外薄膜壳上还标注出该电容的容量和耐压值。常用的铝电解电容耐压值有 6.3 V、10 V、16 V、25 V、50 V、63 V、100 V 等。在实际电路中,电容要承受的电压不能超过它的耐压值,同时,电容的耐压值应不小于其两端交流电压有效值的 1.42 倍。

2. 贴片钽电容

贴片钽电容(以下简称钽电容)也属于极性电容器的一种,广泛应用于各类电子产品,特别是一些器件密度比较高、内部空间较小的便携式产品中。钽电容以金属钽为阳极材料,根据其阳极结构的不同又可以分为箔式和钽粉烧结式两种。在钽粉烧结式钽电容中,又因为其工作电解质的不同,分为固体电解质钽电容和非固体电解质钽电容。其中,固体电解质钽电容用量是最大的。钽电容由于使用金属钽做介质,不需像铝电解电容器那样使用电解液,很适合在高温下工作。钽电容的特点是等效串联电阻(ESR)小、寿命长、耐高温、工作温度范围广(-50~100℃),容量误差小,但是其容量较小、价格也较贵,而且耐电压及电流能力较弱。它常同陶瓷电容、铝电解电容配合使用,或是应用于电压、电流不大的电路中。

1) 贴片钽电容的识别

常见的钽电容有 3 种标识方式:第 1 种是直接在其表面标注出耐压值和电容值;第 2 种为所有信息均使用代码来表示,使用时需根据生产厂商的用户手册来读数(比如 NEC 公司生产的钽电容就是全代码表示的),本书由于篇幅问题不在此一一列举;第 3 种为 AVX 公司生产的钽电容,比较常见,实物如图 1.15 所示。

图 1.14　常见电解电容外形

图 1.15　贴片钽电容外形

图 1.15 中钽电容表面标记有一条色道,表明靠近色道的一端为钽电容的正极,特别注意与铝电解电容的区别,铝电解电容带有色道标示的一端是负极。标示中有两行信息,第 1 行信息标注分别为 AVX 公司标识、电容的容值、耐压值,第 2 行信息为生产日期的信息。以图中标志"227C"的钽电容为例,作为钽电容容值和耐压值的识别方法:227 为"3 位数字标注法"(具体读法详见 1.1.2 节中的"常规 3 位数标注法"),可知其容值 $C=22\times10^7$ pF(单位默认为pF)$=220~\mu$F;字母"C"表示该电容的耐压值,其所标示的值可查询该器件手册,详见表 1.7。

表 1.7　AVX 公司电容电压代码与电压对照表

电压代码	F	G	L	A	C	D	E	V	T
额定电压/V	2.5	4	6.3	10	16	20	25	35	50

使用钽电容时，通常使用 A 型、B 型、……，这是根据钽电容的尺寸大小确定的。常见的有 A 型、B 型、C 型、D 型，分别对应封装代码为 1206、1210、2312、2917，这些封装外形尺寸单位为英寸(in)。例如 1206 指电容的长为 0.126 in，宽为 0.063 in。见图 1.16，钽电容的封装尺寸越大其电容值、耐压值也越高，在选用的时候，必须根据所需的容值和耐压值选择相应的尺寸封装的器件。

CASE DIMENSIONS mm(in)

Code	EIA Code	EIA Metric	L±0.20 (0.008)	W+0.20(0.008) −0.10(0.004)	H+0.20(0.008) −0.10(0.004)	W₁±0.20 (0.008)	A+0.30(0.012) −0.20 (0.008)	S Min
A	1206	3216-18	3.20(0.126)	1.60(0.063)	1.60(0.063)	1.20(0.047)	0.80(0.031)	1.10(0.043)
B	1210	3528-21	3.50(0.138)	2.80(0.110)	1.90(0.075)	2.20(0.087)	0.80(0.031)	1.40(0.055)
C	2312	6032-28	6.00(0.236)	3.20(0.126)	2.60(0.102)	2.20(0.087)	1.30(0.051)	2.90(0.114)
D	2917	7343-31	7.30(0.287)	4.30(0.169)	2.90(0.114)	2.40(0.094)	1.30(0.051)	4.40(0.173)
E	2917	7343-43	7.30(0.287)	4.30(0.169)	4.10(0.162)	2.40(0.094)	1.30(0.051)	4.40(0.173)
V	2924	7361-38	7.30(0.287)	6.10(0.240)	3.45±0.30 (0.136±0.012)	3.10(0.120)	1.40(0.055)	4.40(0.173)

W_1 dimension applics to the termination width for A dimensional arca only

图 1.16　钽电容封装尺寸与外形

2）钽电容器件的选用

电容的选择需要考虑容值、耐压值，钽电容也不例外。是不是所有的封装尺寸的钽电容都提供了所有的容值和耐压值的器件？答案是否定的，受限于材料与工艺，电容的耐压值、容值与体积之间是类正比关系，耐压值和容值要求越高则体积越大。那么电路设计的时候如何确定呢？可以从生产厂家的网站上搜索器件的数据书册，根据其中的表格、数据进行筛选。以常用的 TAJ 系列钽电容选型为例，具体参数见表 1.8。

表 1.8　TAJ 系列选型表（部分）

TAJ Series
Standard Tantalum

CAPACITANCE AND RATED VOLTAGE, VR (VOLTAGE CODE) RANGE (LETTER DENOTES CASE SIZE)

Capacitance µF	Code	2.5V (e)	4V (G)	6.3V (J)	10V (A)	16V (C)	20V (D)	25V (E)	35V (V)	50V (T)
0.10	104								A	A
0.15	154								A	A/B
0.22	224								A	A/B
0.33	334							A	A	B
0.47	474						A	A	A/B	A/B/C
0.68	684						A	A	A/B	A/B/C
1.0	105				A	A	A	A	A/B	Aᴹ/B/C
1.5	155			A	A	A	A	A/B	A/B/C	C/D
2.2	225			A	A	A/B	A/B	A/B/C	A/B/C	C/D
3.3	335			A	A	A/B	A/B	A/B/C	B/C	C/D
4.7	475		A	A	A/B	A/B	A/B/C	A/B/C	B/C/D	C/D
6.8	685		A	A/B	A/B	A/B/C	A/B/C	B/C	C/D	C/D
10	106		A	A/B	A/B/C	A/B/C	Aᴹ*/B/C	B/C/D	C/D/E	D/E/V
15	156		A/B	A/B	A/B/C	Aᴹ/B/C	B/C/D	C/D	C/D	D/E/V
22	226		A/B	A/B/C	A/B/C	B/C/D	B/C/D	D/E	V
33	336	A	A/B	A/B/C	A/B/C/D	B/C/D	C/D	D/E	D/E/V
47	476	A	A/B	A/B/C/D	B/C/D	C/D	C/D/E	D/E	E/V
68	686	A	A/B/C	B/C/D	B/C/D	C/D	Cᴹ/D/E	E/V	Vᴹ

如果在设计中需要容值为 10 μF、耐压值为 6.3 V 的电容则可以选择 A 或 B 型封装的器件；如果需要耐压值为 50 V，就只能选择 D、E 或 V 这 3 种封装的器件了，若强行选用 B 型封装进行设计，将导致最终电路出问题，甚至损坏器件。

1.3　电　感　器

1.3.1　电感器的定义

电感器(inductor)是一种电路元件(电感器也简称为电感)，当在线圈中通过直流电流时，其周围只呈现出固定的磁力线，不随时间而变化；当在线圈中通过交流电流时，其周围将呈现出随时间而周期变化的磁力线。根据法拉第电磁感应定律，变化的磁力线在线圈两端会产生感应电动势，此感应电动势相当于一个"新电源"。当形成闭合回路时，此感应电动势就要产生感应电流。由楞次定律可知，感应电流所产生的磁力线总要力图阻止原来磁力线变化。由于原来磁力线的变化来源于外加交变电源，故从客观效果看，电感线圈有阻止交流电路中电流变化的特性。电感线圈有与力学中的惯性相类似的特性，在电学上称为自感。实际生活中，在拉开闸刀开关或接通闸刀开关的瞬间，会产生火花，这就是自感现象产生很高的感应电动势所造成的。

电感的参数是电感量，该参数表示电感产生感应电动势的能力。通常情况下，电感线圈的匝数越多，电感量越大，同时电感量还与是否有磁芯、磁芯的材质以及磁芯的位置有关。电感的常用单位为毫亨(mH)、微亨(μH)，其关系如下：

$$1 \text{ H} = 1 \times 10^3 \text{ mH} = 1 \times 10^6 \text{ μH}$$

与电感相关的另一个重要参数是电感的品质因数 Q。一个理想的电感元件不会因流经线圈的电流的大小而改变其敏感度。但是在实际环境下，线圈内的金属线会令电感元件带有电阻。所以电感等效于一个理想电感串联一个小电阻，这个电阻亦被称为串联电阻。由于串联电阻的存在，实际电感元件的特性会不同于理想电感。电感线圈对交流电流阻碍作用的大小称为感抗 X_L，单位是欧姆(Ω)，它与电感量 L 和交流电频率 f 的关系为 $X_L = 2\pi f L$。品质因数 Q 是表示线圈质量的一个物理量，Q 为感抗 X_L 与其等效电阻的比值，即：$Q = X_L/R$。线圈的 Q 值越高，回路的损耗越小。线圈的 Q 值与导线的直流电阻、骨架的介质损耗、屏蔽罩或铁芯引起的损耗、高频趋肤效应的影响等因素有关。线圈的 Q 值范围通常为几十到几百，采用磁芯线圈及多股粗线圈均可提高线圈的 Q 值。

此外，电感的特性参数还有分布电容、感抗、标称电流等。线圈的匝与匝间、线圈与屏蔽罩间、线圈与底板间存在的电容被称为分布电容。分布电容的存在使线圈的 Q 值减小，稳定性变差，因而线圈的分布电容越小越好。电感的标称电流指线圈允许通过的电流大小，通常用字母 A、B、C、D、E 表示，分别代表标称电流值为 50 mA、150 mA、300 mA、700 mA、1600 mA。

1.3.2　电感的作用

电感的基本作用有滤波、振荡、延迟、陷波等，通常形象的说法是"通直流，阻交流"。即在电子线路中,电感线圈对交流电有限流作用,它与电阻器或电容器能组成高通滤波器或低通滤波器、移相电路及谐振电路等;电感器可以进行交流耦合、变压、变流和阻抗变换等。

由感抗公式 $X_L = 2\pi f L$ 知,电感 L 越大,频率 f 越高,感抗就越大。该电感器两端电压 U 的大小与电感 L 成正比,还与电流变化速度 $\Delta i/\Delta t$ 成正比,这关系也可用下式表示:

$$u = L\frac{\Delta i}{\Delta t}$$

电感线圈也是一个储能元件,它以磁的形式储存电能,储存的电能大小 W_L 可用下式表示:

$$W_L = \frac{Li^2}{2}$$

可见,线圈电感量越大,电流越大,储存的电能也就越多。

电感在电路中最常见的作用就是与电容一起,组成 LC 滤波电路,如图 1.17 所示。电容具有"阻直流,通交流"的特性,而电感则有"通直流,阻交流"的功能。如果把伴有许多干扰信号的直流电通过 LC 滤波电路,交流干扰信号将被电容变成热能消耗掉;比较纯净的直流电流通过电感时,其中的交流干扰信号也被变成磁感和热能,频率较高的干扰信号容易被电感阻挡,这就可以抑制较高频率的干扰信号。

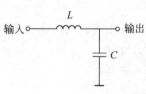

图 1.17　LC 滤波电路

在线路板电源部分的电感,一般是由线径非常粗的漆包线环绕在涂有各种颜色的圆形磁芯上,而且附近一般有几个高大的滤波铝电解电容,这两者组成的就是上述的 LC 滤波电路。另外,线路板还大量采用"蛇行线+贴片钽电容"来组成 LC 电路,因为蛇行线在电路板上来回折行,也可以看作一个小电感。

1.3.3　常用电感

电感有许多种形式,依据外观与功用的不同,会有不同的称呼。以漆包线绕制多圈,常用在电磁铁和变压器上的电感,依外观称为线圈(coil);用以对高频电流提供较大电阻,通过直流或低频电流的,依功用常称为扼流圈(choke);常配合铁磁性材料,安装在变压器、电动机和发电机中的较大电感,也称绕组(winding);导线穿越磁性物质,而无线圈状,常充当高频滤波作用的小电感,依外观常称为磁珠(bead);在收音机和电视机中还有一类类似于变压器的电感叫作中周,它是一种磁芯位置可调的小型变压器。

国内外有众多的电感生产厂家,其中名牌厂家有 SAMSUNG、TDK、AVX、VISHAY、NEC、KEMET、ROHM 等。图 1.18 所示为常用电感实物图。

固定电感的标注一般有 4 种:第 1 种为直接标注,是直接将电感量标注在电感外壳上;

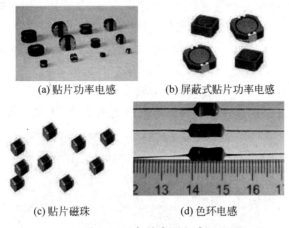

(a) 贴片功率电感　　　　　　(b) 屏蔽式贴片功率电感

(c) 贴片磁珠　　　　　　(d) 色环电感

图1.18　各种常用电感

第2种是文字符号标注，一般是微亨级的电感，如4R7指的是4.7μH电感，R47指的是0.47μH电感；第3种是3位数字标注法标注（默认单位为微亨），详见1.1.2节。例如标注为682指的是6800μH；第4种为色环标注法，详见1.1.2节。色环电感一般为4环标注，第1、2环为有效数，第3环为乘10的幂数，第4环为精度，单位为微亨。

1.4　半导体器件

诸如硅、锗或砷化镓等材料的导电性能介于导体与绝缘体之间，这类材料被称为半导体（semiconductor）。利用这些半导体材料的特殊导电性来完成特定功能的电子器件称为半导体器件（semiconductor device）。半导体器件种类繁多、功能各异，其中有两种最基本的器件：二极管和三极管。把二极管、三极管、MOS管、电阻、电容等都制作到一片硅片上，完成一定电路功能的器件叫集成电路（integrated circuit，IC），集成电路是当前信息产业发展所必须的基础电子器件。

1.4.1　仙童与半导体

人们生活中使用的计算机、电视机、手机、MP3等电子产品使生活更丰富、便捷，这些让生活多姿多彩的电子产品最开始是怎么发展起来的呢？

这一切起源于美国硅谷。1955年晶体管之父肖克利（W. Shockley）博士离开贝尔实验室返回故乡圣克拉拉，创建了"肖特基半导体实验室"。之后于1956年，8位年轻的科学家（合影见图1.19）——罗伯特·诺依斯（Robert Noyce）、戈登·摩尔（Gordon Moore）、朱利亚斯·布兰克（Julius Blank）、尤金·克莱尔（Eugene Kleiner）、金·赫尔尼（Jean Hoerni）、杰·拉斯特（Jay Last）、谢尔顿·罗伯茨（Sheldon Roberts）和维克多·格里尼克（Victor Grinich）因仰慕肖克利而来到肖克利半导体实验室，随后因种种原因，又在诺依斯的带领下离开了实验室。他们在商人谢尔曼·费尔柴尔德（Sherman Fairchild）的资助下成立了仙童半导体（Fairchild Semiconductor）公司，随后诺依斯发明了集成电路技术，该技术将多个晶体管安放于一片单晶硅片上，这项发明使得仙童公司业绩蒸蒸日上。1965年摩尔总结规律，认为集成电路上面的晶体管数量每18个月翻一番，也就是人们熟知的"摩尔定律"，这一定律虽然只是由20世纪60年代的数据总结而成的，但是直到21世纪最初的那几年依然有效。1967年初，斯波克、雷蒙德等人决定离开仙童公司，自创美国国家半导体（National Semiconductor）公司，总部位于圣克拉拉；而1968年仙童公司行销经理桑德斯的出走，又使世界上出现了超微科技（AMD）这家公司；同年7月，诺依斯、摩尔、葛洛夫也离开仙童成立了英特尔（Intel）。这时候计算机即将步入人们的生活，并从此改变人们的生活。

图1.19　组建仙童的8人合影（拍摄于1959年）

1.4.2　二极管

二极管又称为晶体二极管（diode），它由一个PN结和正负极的引线构成。二极管普遍使用半导体硅或锗来生产，因此在使用过程中又根据其材料分为硅管和锗管。二极管按其功能可以分为普通二极管、发光二极管、整流二极管、稳压二极管、检波二极管、限幅二极管等。二极管的电路符号如图1.20所示，其中左边的引脚为二极管的正极（anode，又称阳极），右边的引脚为二极管的负极（cathode），又称阴极。

图1.20　普通二极管的电路符号

1. 二极管的工作特性

（1）正向特性：在电子电路中，将二极管的正极接在高电位端，负极接在低电位端，二极管就会导通，这种连接方式，称为正向偏置。必须说明，当加在二极管两端的正向电压很小时，流过二极管的正向电流十分微弱，二极管不能导通。只有当正向电压达到某一数值V_{th}（这一数值称为"门坎电压"，锗管约为0.1 V，硅管约为0.5 V）以后，二极管才能正向导通。导通后，二极管两端的电压基本上保持不变，称为二极管的"正向压降V_F"。

（2）反向特性：二极管的正极接在低电位端，负极接在高电位端，此时二极管中"几乎没有"电流流过，仍处于截止状态，这种连接方式，称为反向偏置。事实上二极管处于反向偏置时，仍然会有微弱的反向电流流过二极管，称为漏电流。

（3）击穿：当外加反向电压超过某一数值时，反向电流会突然增大，这种现象称为电击穿。引起电击穿的临界电压称为二极管反向击穿电压。电击穿时二极管失去单向导电性。

如果二极管没有因电击穿而引起过热,则单向导电性不一定会被永久破坏,在撤除外加电压后,其性能仍可恢复。如果流过二极管的电流过大,导致二极管发热,PN 结烧毁,二极管就损坏了,这种击穿称为热击穿且不可恢复。因而使用时应注意二极管外加的反向电压不可过高。

2. 二极管的识别与检测

二极管最明显的性质就是它的单向导电特性,从如图 1.20 所示的电路符号来看,可以将其单向导电性看成按电路符号中的那个箭头方向流动,即在正向偏置时电流从正极流到负极。

在检测二极管好坏之前应先辨别出二极管的正负极。二极管管体上有一色环标志(若管体是黑色,则色环通常为银色;若管体是红色玻璃,色环标志通常为黑色)的一端为负极,另一端为正极。辨别二极管正负极性后,就可以使用万用表对二极管的好坏进行检测。

用数字万用表测量二极管时使用二极管挡位,将红表笔接二极管正极、黑表笔接负极,然后观察读数,如果满溢(即显示为 1),则二极管已坏。若有读数,则交换表笔,若还有读数而不满溢,则二极管坏,否则二极管是好的。

注意:对于数字万用表,红表笔接的是内部电池正极,黑表笔接的是内部电池负极;对于指针式万用表,黑表笔接的是内部电池正极,红表笔接的是内部电池负极。正向导通时电阻较小,反向时电阻很大。

3. 二极管的主要参数及选用

作为世界上第一种半导体器件——二极管,从诞生至今虽然其仍然是一个 PN 结连接到两个引脚的简单结构,但各个厂商仍在不遗余力地优化二极管的各项参数,以至于现在各个厂商都有几百种不同性能的二极管可供用户选择。在如此众多的二极管中如何才能选择到一个适合的二极管就是本节需要解决的问题。首先在二极管的生产商的网页下找到器件筛选列表,表 1.9 所示为在安森美官网上查找整流二极管时出现的筛选列表(部分截取)。

表 1.9 二极管筛选列表

1 - 100 of 145 【 1 2 下一页 】 页面尺寸: [100 ▼]

Select	Product	Data Sheet	Compliance	Status	Description	Type	I₀(rec) Max (A)	Irr Max (ns)	V_RRM Max (V)	V_FM Max (V)	I_FSM Max (A)	I_R Max (mA)	Package Type
	DBD10G		Pb-free	Active	1.0A Single-Phase Bridge Rectifier		1		600	1.05	30	0.01	PDIP-4 GW / PDIP4 6.8x6.5, 5.0P / DBD10
	NHP220SF		AEC Qualified Pb-free Halide free PPAP Capable	Active	Rectifier, Ultrafast, 2 A, 200 V	Ultrafast	2	50	200	1.05	25	0.0005	SOD123-2
	NHPM220		AEC Qualified PPAP Capable Pb-free Halide free	Active	Rectifier, Ultrafast, 2 A, 200 V	Ultrafast	2	50	200	1.05	25	0.0005	POWERMITE-2
	NTSV30H100		Pb-free Halide free	Active	Trench Schottky Rectifier, Low Forward Voltage, 30A, 100V Dual Diode				100	0.85	125	0.095	TO-220-3
	NTSW60200CTG		Pb-free	Active	Schottky Power Rectifier, Dual 60 A 200 V								TO-247-3
	MURJ1660CTG		Pb-free Halide free	Intro Pending	16A, 600 V Ultrafast Rectifier	Ultrafast	16	60		1.5	100	500	TO-220 FULLPAK-3
	1N4001		Pb-free Halide free	Active	Standard Rectifier, 50 V, 1.0 A	Standard Recovery	1		50	1.1	30	0.01	Axial Lead-2

表1.9的列从左到右依次为：Select(选择)、Product(二极管型号)、Data Sheet(该二极管是否提供数据手册)、Compliance(生产标准,是否是无铅产品等)、Status(状态:是否在产)、Description(产品描述,该列用简短的语言将器件的特点描述出来)、Type(类型:不同器件在 type 列的描述不一样,在整流二极管处为反向恢复的快慢这个参数,该参数决定了二极管的工作频率)、I_O(最大整流电流)、t_{rr}(反向恢复时间)、V_{RRM}(反向峰值电压)、V_{FM}(最大正向压降)、I_{FSM}(正向浪涌电流)、I_R(最大反向电流)、Package Type(封装形式)。

表1.10 列出的 1N400x 系列二极管电气特性和表1.11 列出的 1N400x 系列二极管极限参数,是在安森美公司网站(http://www.onsemi.cn/)下载的 1N400x 系列二极管数据手册的部分参数的截图。这里根据表格着重强调几个常用的二极管参数。

表 1.10　1N400x 系列二极管电气特性表

ELECTRICAL CHARACTERISTICS†

Rating	Symbol	Typ	Max	Unit	
Maximum Instantaneous Forward Voltage Drop, (iF = 1.0 Amp, TJ = 25°C)	VF	0.93	1.1	V	最大正向压降
Maximum Full–Cycle Average Forward Voltage Drop, (IO = 1.0 Amp, TL = 75°C, 1 inch leads)	VF(AV)	–	0.8	V	平均正向压降
Maximum Reverse Current (rated DC voltage) (TJ = 25°C) (TJ = 100°C)	IR	0.05 1.0	10 50	μA	反向电流
Maximum Full–Cycle Average Reverse Current, (IO = 1.0 Amp, TL = 75°C, 1 inch leads)	IR(AV)	–	30	μA	反向平均电流

†Indicates JEDEC Registered Data

表 1.11　1N400x 系列二极管极限参数

MAXIMUM RATINGS

Rating	Symbol	1N4001	1N4002	1N4003	1N4004	1N4005	1N4006	1N4007	Unit	
†Peak Repetitive Reverse Voltage Working Peak Reverse Voltage DC Blocking Voltage	VRRM VRWM VR	50	100	200	400	600	800	1000	V	反向电压
†Non–Repetitive Peak Reverse Voltage (halfwave, single phase, 60 Hz)	VRSM	60	120	240	480	720	1000	1200	V	
†RMS Reverse Voltage	VR(RMS)	35	70	140	280	420	560	700	V	
†Average Rectified Forward Current (single phase, resistive load, 60 Hz, TA = 75°C)	IO				1.0				A	正向平均整流电流
†Non–Repetitive Peak Surge Current (surge applied at rated load conditions)	IFSM				30 (for 1 cycle)				A	正向浪涌电流
Operating and Storage Junction Temperature Range	TJ Tstg				–65 to +175				°C	

Stresses exceeding Maximum Ratings may damage the device. Maximum Ratings are stress ratings only. Functional operation above the Recommended Operating Conditions is not implied. Extended exposure to stresses above the Recommended Operating Conditions may affect device reliability.
†Indicates JEDEC Registered Data

(1) 最大整流电流 I_O:是指二极管长期连续工作时允许通过的最大正向电流值,其值与 PN 结面积及外部散热条件等有关。因为电流通过管子时会使管芯发热,温度上升,温度超过容许限度时,就会使管芯过热而损坏。所以在规定散热条件下,二极管在使用中不要超过最大整流电流值。如表1.11 所示,常用的 IN400x 系列二极管的额定正向工作电流(正向平均整流电流)为 1 A。

(2) 最高反向工作电压 V_{RWM}:加在二极管两端的反向电压高到一定值时,会将管子击穿,失去单向导电能力。为了保证使用安全,规定了最高反向工作电压值。如表1.11 所示,IN4001 二极管反向耐压为 50 V,IN4007 反向耐压为 1000 V。

(3) 反向电流 I_R:是指二极管在规定的温度和最高反向电压作用下,流过二极管的反向电流。反向电流越小，管子的单向导电性能越好。值得注意的是反向电流与温度有着密切的关系，温度每升高 10℃，反向电流大约增大 1 倍。如表 1.10 所示 1N400x 系列二极管的反向电流在 25℃ 时的典型值为 0.05 μA，在 100℃ 时的典型值为 1 μA，而其最大值分别为 10 μA 和 50 μA。

在模拟电路教材中，提供了一个叫作二极管伏安特性的曲线，如图 1.21(a) 曲线所示，而实际数据手册中的如图 1.21(b)、(c) 两幅曲线所示。从实际曲线中可以发现，在不同温度下的死区电压、反向电流差别很大，这就是理论和实际的区别。因此，在工程中应该以理论课本为基础，但不能以理论课本为上，应该根据实际情况找到实际器件的用户手册，并查询实际器件的工作参数。

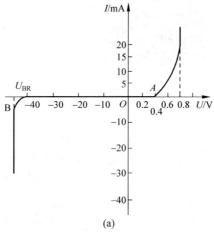

(a)

模拟电路教材中的二极管伏安特性曲线

1N4001,1N4002,1N4003,1N4004,1N4005,1N4006,1N4007

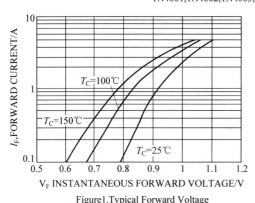

Figure1.Typical Forward Voltage

(b)

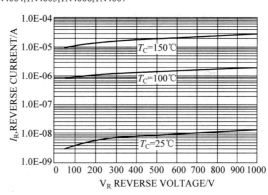

Figure2.Typical Reverse Current

(c)

实际数据手册中的伏安特性曲线(截图)

图 1.21　理论与实际特性曲线的对比

4. 发光二极管

提到二极管就不能不提发光二极管(light emitting diode，LED)，如图 1.22 所示。50 年前人们已经了解半导体材料可产生光线的基本知识。于是在 1962 年，通用电气公司开发出第一种实际应用的可见光发光二极管。如图 1.22 所示，LED 的基本结构是一块电致发光的半导体材料，置于一个有引线的架子上，然后四周用环氧树脂密封。环氧树脂密封能起到保护内部芯线的作用，提供较好的抗震性。

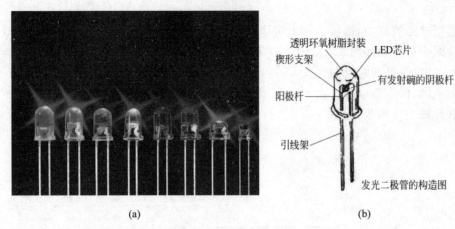

(a)　　　　　　　　　　　　　　(b)

图 1.22　发光二极管

最初 LED 用作仪器仪表的指示光源，后来各种光色的 LED 在交通信号灯和大面积显示屏中得到了广泛应用，产生了很好的经济效益和社会效益。以 12 in 的红色交通信号灯为例，在美国本来是采用长寿命、低光效的 140 W 白炽灯作为光源，产生 2000 lm 的白光，经红色滤光片后，光损失 90%，只剩下 200 lm 的红光。而在新设计的灯中，Lumileds 公司采用 18 个红色 LED 光源，设计的功率为 14 W 交通信号灯，可产生同样的光效。由此可见 LED 的使用能够极大地降低人们对电能的消耗。

1.4.3　三极管

三极管全称为双极性结型晶体管（bipolar junction transistor，BJT），是一种具有 3 个终端的电子器件，由于这种器件在工作时同时涉及电子和空穴两种载流子的流动，因此它具有双极性，也被称为双极性载流子晶体管。

三极管从结构上可以分为 NPN 和 PNP 两种。PNP 型三极管由两层 P 型掺杂区和介于二者之间的一层 N 型掺杂半导体组成，其结构示意图如图 1.23(a) 所示；NPN 型三极管由两层 N 型掺杂区域和介于二者之间的一层 P 型掺杂半导体组成，其结构示意图如图 1.23(b) 所示。三条引线分别称为发射极 e(emitter)、基极 b(base) 和集电极 c(collector)。

这两种结构的三极管对应的电路符号如图 1.24 所示。

图 1.23　三极管结构示意图　　　　　图 1.24　三极管电路符号

1．三极管的主要参数

三极管的参数是用来表述三极管的工作特性的一系列参数，主要为三极管的选型提供必要的信息和选型依据，每一种三极管的参数有很多，本节中仅选讲常用参数。

1）电流放大系数（共发射极电流放大系数）

共发射极电流放大系数通常有两个，分别为共发射极直流电流放大系数 $\bar{\beta}$ 和共发射极交流电流放大系数 β，这两个系数比较相近，因而常用直流放大系数代替交流放大系数。当管子的 β 值太小时，放大作用差；β 值太大时，工作性能不稳定。

2）集电极-基极反向饱和电流 I_{CBO}

当发射极开路时，基极和集电极之间加反向电压时的集电极电流反向，所以称为集电极-基极的反向饱和电流。反向电流 I_{CBO} 会随温度上升而增大，这一参数的大小标志着三极管质量的好坏和三极管的热稳定性。良好的三极管 I_{CBO} 很小，小功率锗管的 I_{CBO} 为 $1\sim 10\,\mu A$，大功率锗管的 I_{CBO} 可达数毫安，而硅管的 I_{CBO} 则非常小，是毫微安级。

3）三极管的极限参数

（1）三极管的特征频率 f_T。随着工作频率的升高，三极管的放大能力会下降。当共发射极电流放大系数降低为 1 时的频率称为三极管的特征频率 f_T。

（2）集电极最大允许电流 I_{CM}。当集电极电流 I_C 增加到某一数值，引起 β 值下降到额定值的 2/3 或 1/2，这时的 I_C 值称为 I_{CM}。当 I_C 超过 I_{CM} 时，虽然不致使管子损坏，但 β 值显著下降，影响放大质量。

（3）集电极-发射极反向击穿电压 $V_{(BR)CEO}$。当基极开路时，加载到集电极和发射极之间的最大允许电压，称为 $V_{(BR)CEO}$。该参数下标中的 B 为 breakdown 的首字母，意为击穿，R 为 reverse 的首字母，意为反向。当加载在三极管集电极和发射极之间的反向电压超过这一参数，就会导致击穿损坏三极管。

（4）集电极最大允许耗散功率 P_{CM}，三极管在工作时，集电极电流在集电结上会产生热量而使三极管发热。若耗散功率过大，三极管将烧坏。在使用中如果三极管在大于 P_{CM} 的情况下长时间工作，将会损坏三极管。需要注意的是大功率三极管给出的最大允许耗散功率都是在加有一定规格散热器情况下的参数，使用中一定要注意这一点。

2．三极管的引脚判别

三极管有 NPN 和 PNP 两种类型，而每个三极管又有 e、b、c 3 个引脚，当拿到一个三极管，如何判断其类型和分辨其每个引脚是电子从业者的一项基本技能。

为了能够迅速地进行类型和引脚的判别，首先可以将三极管的两个 PN 结近似地看成两个背靠背的二极管，如图 1.25 所示。

首先根据二极管的极性判断方式迅速确定三极管的基极（b）和类型，为了叙述方便，将待测三极管的 3 个引脚分别命名为 1、2、3。利用指针式万用表（指针式万用表的红表笔接万用表内部电池的负极，黑表笔接内部电池的正极），选择 $R\times 1\,k\Omega$ 挡位，任取待测三极管的两个引脚（如这两个电极为 1、2），用万用表分别测量它的正、反向电阻，观察表针的偏转角度；接着，再取 1、3 两个引脚和 2、3 两个引脚，分别颠倒测量它们的正、反向电阻，观察表针的偏转角度。在这三次颠倒测量中，必然有两次测量结果相近：即颠倒测量中表针一次

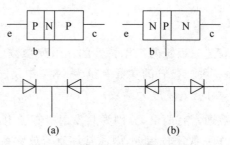

图 1.25　三极管近似等效电路

偏转大(电阻小),一次偏转小(电阻大);剩下一次必然是颠倒测量前、后指针偏转角度都很小,甚至是不偏转,在这种测量情况下,此次颠倒测试中没有用到的引脚就是待测三极管的基极。

　　找出三极管的基极后,就可以根据基极与另外两个电极之间 PN 结的方向来确定管子的导电类型。将万用表的黑表笔接待测三极管的基极,红表笔分别接触另外两个电极,若万用表指针均偏转角度很大,则说明被测三极管为 NPN 型管;若万用表指针偏转角度均很小,则将万用表的红表笔接待测三极管的基极,黑表笔分别接触另外两个电极,万用表的指针偏转均较大,说明此管为 PNP 管。

　　找出了基极 b,确定了管子类型,另外两个电极哪个是集电极 c,哪个是发射极 e 呢?这时我们可以用测穿透电流 I_{CEO} 的方法确定集电极 c 和发射极 e。首先将万用表调到 $R \times 10\,\text{k}$ 挡后按以下步骤进行测试:

　　(1) 对于 NPN 型三极管,用万用表的黑、红表笔颠倒测量剩下两引脚的正、反向电阻 R_{ce} 和 R_{ec}。虽然两次测量中万用表指针偏转角度都很小,但仔细观察,总会有一次偏转角度稍大,此时电流的流向一定是:黑表笔→c 极→b 极→e 极→红表笔,电流流向正好与三极管符号中的箭头方向一致("顺箭头")。所以此时黑表笔所接的一定是集电极 c,红表笔所接的一定是发射极 e。

　　(2) 对于 PNP 型的三极管,同理于 NPN 型,其电流流向一定是:黑表笔→e 极→b 极→c 极→红表笔,其电流流向也与三极管符号中的箭头方向一致。所以此时黑表笔所接的一定是发射极 e,红表笔所接的一定是集电极 c。

第 2 章

设计 PCB

一个具备一定功能的电子系统的研发与制作可以分为 PCB 设计、PCB 制板、电子元器件的焊接、相关软件的编写、系统调试等步骤,在本章中介绍 PCB 设计。

PCB 设计是基于 EDA 软件的一个设计环节,这个环节主要完成的是将设计人员头脑中的电路图构想转化成制造 PCB 的"图纸"。在这一环节中有很多的设计软件可以使用,目前主要有 Altium Designer、Cadence,PADS、PowerPCB 等,在国内高校教学中普遍使用 Altium Designer 作为主要的教学软件。使用 Altium Designer 设计 PCB 在流程上主要分为两个部分:原理图的绘制和 PCB 布局布线。要完整讲完 Altium Designer 软件可以专门写出一本书,本书作为入门读物,仅简要介绍在一般设计流程中使用到的菜单项和工具。

2.1 建立工程以及原理图文件

在应用 Altium Designer 设计 PCB 的过程中,需使用一个 project(工程)来管理在设计过程中生成的或在设计过程中使用到的文件。而管理这些文件的工程是一个"*.PrjPCB"类型的文件,所以设计的第一步就是新建一个工程。

2.1.1 建立工程

1. 创建工程

创建 PCB 工程的步骤如下。

(1) 如图 2.1 所示,在菜单中依次选择 File→New→Project→PCB Project 命令,在软件左边的工程导航条内出现 PCB_Project1.PrjPCB,即表示已经成功建立了一个名为 PCB_Project1 的工程,在它的下面有个文件夹图标名称为 No Documents Added,则表明这个工程内没有任何其他文档,这是一个空的工程。

(2) 在菜单中依次选择 File→Save Projects As...命令后会弹出一个标准的保存文件对话框,在这个窗口中选择工程的保存路径后,在"文件名"栏内输入工程的名称,注意确认一下"保存类型"下拉菜单中选择 PCB Projects,然后保存。保存后就会在工程导航条中显示出目前新建的工程的信息,本例中工程名称为 Equalizer,如图 2.2(a)所示。

注意:如果在软件的左边看不到工程导航条,则说明导航条被隐藏了,此时可以在软件的右下角找到 System,单击后在弹出的菜单中选择 Projects 即可再次打开工程导航条。

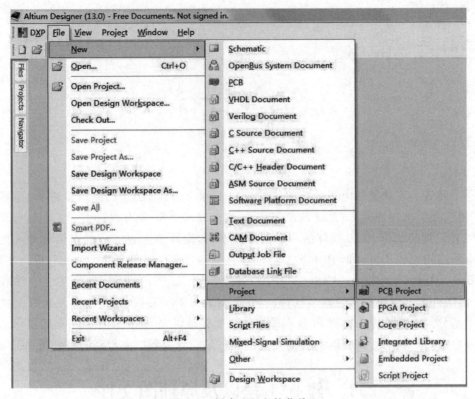

图 2.1　创建工程文件菜单

　　(a)　　　　　　　　　　　　(b)　　　　　　　　　　　　(c)

图 2.2　工程导航条

2. 添加设计文档

　　工程建立后,接下来的步骤就是向这个空的工程中添加相关的设计文档,首先添加的是原理图文件,新建、添加原理图文件的步骤如下。

　　(1) 在工程导航条中找到并右击工程文件,如图 2.2(a)所示,本例中就是 Equalizer.PrjPCB。在弹出菜单中依次选择 Add New to Project→Schematic 命令,打开一个名为 Sheet1.SchDoc 的空白原理图文件,同时在工程导航条的工程文件下面新增了一个名为 Source Documents 的文件夹图标和一个名为 Sheet1.SchDoc 的文件,如图 2.2(b)所示。

注意：此时在工程文件后多了一个"＊"号和一个红色的文件图标,这个"＊"号和红色的文件图标表示当前工程有了新的改变而没有保存这些改变。

（2）在文件下拉菜单中选择 File→Save As 命令,就会弹出一个文件保存的对话框,确认一下当前的保存路径为工程所在的文件夹后,在"文件名"栏内输入原理图文件的名称,然后单击"保存"按钮。

（3）保存后可以看到工程文件名称后的"＊"号和红色的图标仍然没有改变,说明工程文件还没有进行添加文件后的存盘工作。因此,在工程导航条右击工程文件,在弹出菜单中选择 Save Project 命令,将工程的改变保存下来。如图 2.2(c)所示,此时工程文件后的"＊"号和红色的小图标均消失了,说明工程的所有改变都被保存下来了。

2.1.2 原理图绘制环境设定

工程文件以及原理图文件保存好后,在开始绘制原理图之前,需要对绘制环境进行一些简单的设定,使原理图文件处于编辑状态下,即当前工作区显示的是原理图(图 2.3 所示状态)。

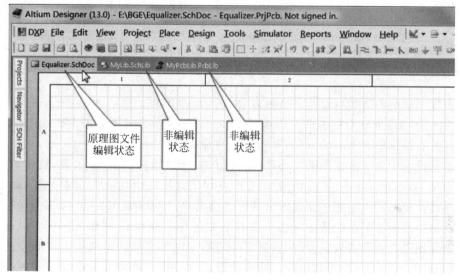

图 2.3 原理图编辑界面

在图 2.3 所示状态下,按照以下步骤进行操作设定绘制环境。

（1）从菜单依次选择 Design→Document Options 命令,弹出一个名为 Document Options 的对话框。

（2）单击对话框上方的 Sheet Options 标签,然后在 Standard Styles 的下拉菜单中选择合适的图纸大小,作为初学者一般使用 A4 选项。确认 Snap Grid 和 Visible Grid 均设置为10,如图 2.4 所示。

（3）单击 OK 按钮关闭对话框,并返回到绘制界面。

以上步骤完成了对当前原理图绘制环境的设定,为了避免每次新增一个原理图文件都要进行上述设定,可以遵循以下步骤进行原理图绘制环境设置的全局设定。

（1）在菜单中选择 Tools→Schematic Preferences 命令(或使用快捷键 T、P,即每个菜

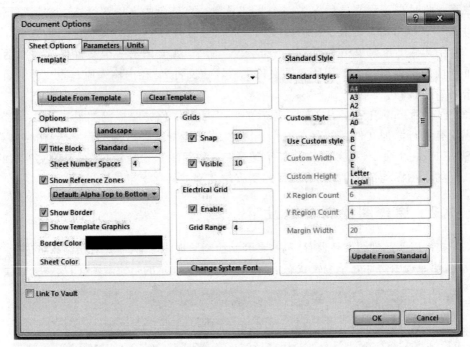

图 2.4   Document Options 对话框

单名称中带下划线的字母),打开一个名为 Preferences 的对话框。

（2）在 Preferences 对话框的左边找到 Schematic,并单击其下方的 Default Primitives,在对话框的右边选中 Permanent 后,单击 OK 按钮关闭对话框。

在本次设定中除了改变图纸大小外,还对两种 Grid(栅格)进行了设置,这两种 Grid 的作用分别是:①Snap Grids(捕捉栅格)的作用是设定光标在绘制原理图时移动的最小步长,恰当选择捕捉栅格的大小能够使得画出的原理图清晰、工整;②Visible Grid(视图栅格)的作用是设定原理图中显示的最小栅格。在其下方还有一种 Grid 叫作 Electrical Grid(电气栅格),其作用是在移动或放置元件时,当元件与周围电气实体的距离在电气栅格的设置范围内时,元件与电气实体会互相吸住。恰当地设定这一属性可极大地提高绘制的速度和绘图的准确性,一般设置保持为 4。

2.1.3   加载元件库与查找元件

电路系统要能正常工作、实现特定的电路功能,需要很多类型的电子元器件协同工作。因此,在绘制原理图的过程中,也需要用到各种各样电子元器件的元件符号,在 Altium Designer 软件中,这些元件符号存储在一类叫作 Library(库)的文件中,因此在建立好工程和原理图文件后,就需要根据所要用到的器件来将相应的元件库添加到当前工程中。元件库可以分为两个大类,一类是到 Altium Designer 官方网站去下载的对应于某一个特定公司的元件库,一类是用户在设计过程中使用到的自己建立的元件库。面对形形色色的器件,如何找到需要用到的元件符号是绘制原理图的基本要求。添加元件符号的步骤如下。

（1）单击软件右边的 Libraries 标签。

（2）在弹出的 Libraries 面板上单击 Search 按钮,打开 Libraries Search 对话框。另一

个打开 Libraries Search 对话框的方法是：单击菜单 Tools→Find Component(或使用快捷键 T、O)。

（3）在如图 2.5 所示的 Libraries Search 对话框中，Filters 的第 1 行、第 1 列即 Field 栏选择 Name，第 2 列 Operator 栏选择 contains，第 3 列 Value 栏填入所需器件的名称。

（4）在 Scope 的 Search in 处选中 Components 以及点选 Libraries on path。

（5）Path 设定为 Altium libraries 的安装路径，选中 Include Subdirectories。在默认情况下，库的安装路径为 C:\Users\Public\Documents\Altium\AD13\，如图 2.5 所示。

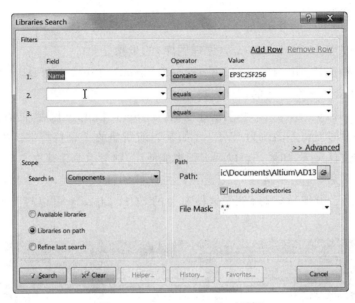

图 2.5　Libraries Search 对话框

（6）单击 Search 后，在 Libraries 面板中将列出搜索到的相关器件，如果名称填写得过于简单将搜索到较多的器件，如果名称填写得比较详细一般将只会搜索到极少的甚至一个器件。

（7）当搜索到所需器件时，可以直接在 Libraries 面板上双击所需器件，把鼠标移动到绘图界面，单击即完成元件符号的放置。在这个过程中可能会弹出一个名为 Confirm 的窗口，询问你是否要安装库，出现这种情况是由于当前器件所在的库没有安装在当前工程中，直接单击 YES 安装相应库即可。

注意：①在图 2.5 中元器件名称填入的是 EP3C25F256，这个芯片是 Altera 公司 Cyclone Ⅲ系列 FPGA 里的一个型号。在此处查找此型号芯片，仅仅是考虑到 Altera 公司的库是默认安装的，而如果查找别的器件有可能在某些计算机上才能找到，而在另外一些则不能找到，所以为了提高本书的通用性，特使用这一型号器件为例。②如果在软件的右边看不到 Libraries 标签，则说明标签被隐藏了，此时可以在软件的右下角找到 System，单击后在弹出的菜单中选择 Libraries 即可。

Altium Designer 软件中有两个名字分别为 Miscellaneous Devices 和 Miscellaneous Connectors 的库是比较特殊的，这是因为对于每一个新建的工程，都默认安装了这两个库。在 Miscellaneous Devices 中是一些如电阻、电容等的通用（常用）器件，而在 Miscellaneous Connectors 中则是一些标准的接口器件。除了这两个库之外的器件库都需要手动添加。

2.2　自建库和原理图元件

在设计电路的过程中,由于器件厂商不断地进行新产品的研发与推出,所以,有些新器件往往没有现成的库可以直接使用。因此在一般的情况下,设计人员会建立个人专用的 Schematic Libraries,并不断丰富完善它。

2.2.1　自建库

建立一个空的 Schematic Library(原理图库)的步骤是:

(1) 在菜单栏选择 File→New→Library→Schematic Library 命令,一个名为 Schlib1. SchLib 的文件就会出现在当前的设计窗口。

(2) 依次单击 File→Save As ,将当前建立的 Schematic Library 保存,同时注意修改库文件的名称。例如保存时候将库名改为 MyLib。如果当前新建的库只打算本工程使用,则直接保存到当前工程的文件夹下,如果是想以后工程都能使用,则考虑单独建立一个文件夹来保存。

(3) 保存完毕后,自建库就建立完成了。在设计的任何时刻,只要在软件主界面保持 MyLib. SchLib 处于可编辑状态,单击软件左边的 SCH Library 可以打开 SCH Library 面板,如图 2.6 所示。

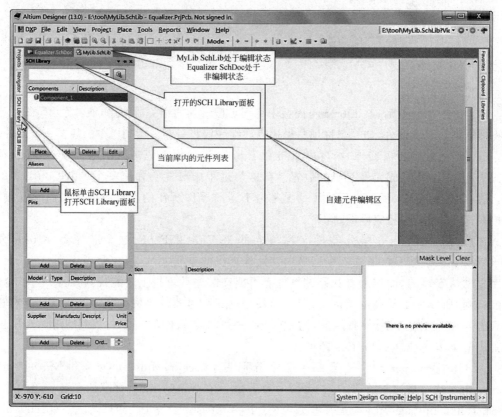

图 2.6　自建元件库

2.2.2　自建原理图元件

在创建一个新的原理图元件(schematic component)之前,首先要确认保存该新元件的库是什么状态。

(1) 如果是一个新建的库,比如图 2.6 所示的新库,则在 SCH Library 面板的元件列表中已经有了一个名为 Component_1 的空器件,在这种情况下,可按以下步骤完成相应操作:在 SCH Library 面板的元件列表中单击选中 Component_1,在菜单中选择 Tools→Rename Component 命令,在弹出窗口中填入一个能唯一识别该器件的名称,如图 2.7 所示,在本例中填入 LM833-N,然后单击 OK 按钮关闭对话框。

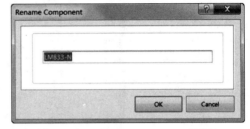

图 2.7　Rename Component 对话框

(2) 当前库中已经没有了名为 Component_1 的空器件了,比如紧接上例已经完成了名为 LM833-N 器件的绘制,需要在库中再次添加新的器件。此时只需在菜单中依次单击 Tools→New Component,在弹出的 New Component Name 中填入新器件的名称。

经过前面两种操作后,就开始进入元件绘制的环节了,在此以 TI 公司的音频放大器 LM833-N 为例完成整个讲解。在正式开始绘制元件之前,首先要对所要绘制的元件有个大致了解(这个过程是在前期设计电路时完成的)。首先进入 TI 公司官方网站,找到 LM833-N 芯片的用户手册,在手册中找到器件外形、引脚分布等信息,LM833-N 引脚分布如图 2.8 所示。

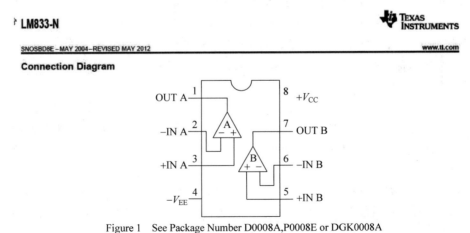

图 2.8　LM833-N 引脚分布

有了引脚分布即可开始着手绘制原理图元件:

(1) 执行菜单命令 Place→Line (快捷键:P、L)或者 Place→Rectangle(快捷键:P、R)绘制元件的外形,对于本例来说直接使用 Place→Rectangle,绘制一个矩形框如图 2.9 所示。

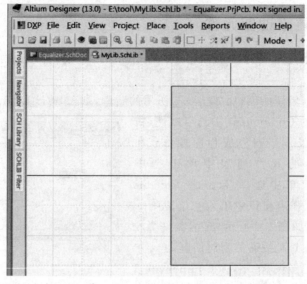

图 2.9　绘制器件外形

注意：元件外形绘制成什么样子对于最后的制板来说完全没有影响,因为元件外形没有任何的电气属性。

(2) 执行菜单命令 Place→Pin(快捷键：P、P),进入引脚放置状态,如图 2.10 所示。在放置引脚的时候要注意引脚的左右两端是有区别的,图 2.10 的下端有个"米"字形的符号(光标所在端),表明这一端是用来连接导线的;而另一端标有数字,表示的是该引脚的名称。在放置引脚的时候无"米"字形的一端应靠近器件外形,有"米"字形的一端向外。

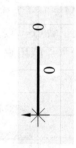

图 2.10　引脚

(3) 进入引脚放置状态后,按下 Tab 键会弹出一个名为 Pin Properties 的对话框,如图 2.11 所示。在 Display Name 文本框中输入器件 LM833-N 第一个引脚的名称 Out A,在 Designator 中输入"1",确认这两个文本输入框后的 Visible 被选中。

(4) 如果在设计中需要使用编译或者是使用软件自身来检测原理图连接错误等,则还需要在 Electrical Type 的下拉菜单中选择相应的引脚属性,在本例中仅保持默认 Passive。

(5) 在 Pin Properties 对话框中还可以在 length 的文本框中设置引脚的长度,在本例中保持默认 30。

(6) 填写好 1 脚的名称和 Designator,以及相应的引脚属性及长度后,单击 OK 按钮,关闭 Pin Properties 对话框回到软件主界面。在当前状态下,可以按空格键将当前引脚进行旋转,移动鼠标将引脚放置在元件边框适合的地方。

(7) 放完第一个引脚后,光标上就会出现一个 Designator 为 2 的引脚,按 Tab 键调出 Pin Properties 对话框,此时只需更改引脚 2 的 Display Name 即可继续放置引脚 2,如此依次完成引脚的放置。放置完引脚后如图 2.12(a)所示,引脚的局部放大如图 2.12(b)所示。实际操作时,注意仔细观察右边一排引脚的最右端有 4 个白点,左边一排引脚的最左端也有相同的 4 个白点。如果 4 个白点的位置在靠近器件外框处,则说明引脚放置方向有误。

在 Altium Designer 软件中,每一个元器件都有一系列与之相关的属性,比如默认的

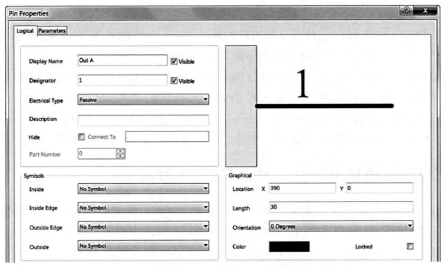

图 2.11　Pin Properties 对话框

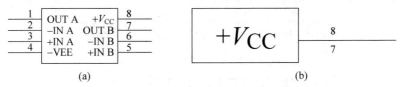

图 2.12　引脚放置

Designator、器件的 PCB 封装等。在自建器件的时候为了方便今后使用也应该将这些属性一一填写完整,步骤为:

(1) 软件主界面保持 MyLib.SchLib 处于可编辑状态,单击软件左边的 SCH Library 打开 SCH Library 面板,如图 2.6 所示。

(2) 在库元件列表中双击所要编辑属性的元件,打开 Library Component Properties 对话框,如图 2.13 所示。

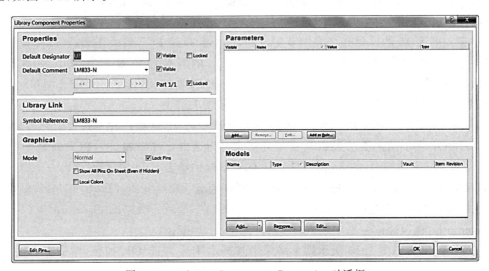

图 2.13　Library Component Properties 对话框

（3）在 Default Designator 中填入"U?"，一般而言，如果器件是芯片则填入"U?"，因为在 Altium Designer 软件中芯片都是以"U"来标记的，如果是电阻、电容、电感则相应地填入"R?""C?""L?"，如果是三极管一类的器件则填入"Q?"。

（4）在 Default Comment 中填入器件的名称或型号，比如在本例中填入 LM833-N。

（5）在图 2.13 右下角的 Models 一栏中需要为新建的器件添加模型，诸如：PCB 封装（footprint）、电路仿真模型（circuit simulation model）以及信号完整性模型（signal integrity models）。在本书中，限于篇幅，将不涉及电路仿真模型以及信号完整性模型部分的叙述。

2.2.3　为新建原理图元件添加 PCB 封装

完成原理图元件后的工作是要根据实际器件的大小、引脚分布等参数为该元件添加适合的 PCB 封装。器件的 PCB 封装在 Altium Designer 软件中叫作 footprint，在其他的 PCB 设计软件中也叫 pattern 或 decal。为元件添加 footprint 的步骤如下。

（1）单击图 2.13 右下角的 Models 区域的下方按钮 Add，在弹出的名为 Add New Model 对话框的下拉菜单中选择 Footprint，如图 2.14 所示，然后单击 OK 按钮。

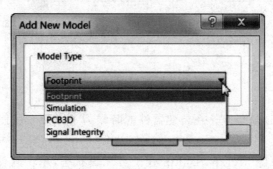

图 2.14　Add New Model 对话框

（2）在如图 2.15 所示的 PCB Model 对话框中单击 Browse 打开 Browse Libraries 对话框。

（3）在如图 2.16 的 Browse Libraries 对话框中，可以浏览已经加载在工程中的 PCB 封装库，在该对话框中的 Libraries 后的下拉菜单中选择所需的库后，就可以浏览该库中的 PCB 封装。图 2.16 的库是在 2.3.1 节生成的，如不会自建 PCB 封装库和器件的封装，请参照相关内容。从图中可以看到，在名为 MyPcbLIb 的封装库中有一个 SOIC8-LM833 的 PCB 封装，即在 2.3.2 节为芯片 LM833-N 所绘制的 PCB 封装，选中 SOIC8-LM833 后单击 OK 按钮关闭对话框，即完成元件与相关 PCB 封装的关联。

（4）在如图 2.19 所示的 LM833-N 的封装信息中可知，这款芯片一共有三种封装形式：SOIC、VSSOP 和 PDIP，为方便以后使用可在此再为这个元件添加一个 PCB 封装。

（5）重复之前的（1）、（2）步，在如图 2.16 的对话框中单击 Find 按钮后，弹出一个如图 2.17 所示的 Libraries Search 对话框。在 Scope 一栏中点选 Libraries on Path，在 Path 一栏中保持默认的路径，并确认选中 Include Subdirectories，在 Filters 栏中的 Operator 下拉菜单中选择 contains，在 Value 一栏中输入 dip 后单击 Search 按钮。

（6）在弹出的如图 2.18 所示搜索结果中选择 DIP-8，单击 OK 按钮，即为 LM388-N 添加了一个 DIP 封装，该封装对应于图 2.19 中所述的 PDIP 封装。

PCB Model

Footprint Model

Name　　　　Model Name　　　　　　　　　Browse...　　Pin Map...

Description　Footprint not found

PCB Library

◉ Any

○ Library name

○ Library path　　　　　　　　　　　　　　　　　Choose...

○ Use footprint from component library MyLib.SchLib

Selected Footprint

Model Name not found in project libraries or installed libraries

Found in:

OK　　Cancel

图 2.15　PCB Model 对话框

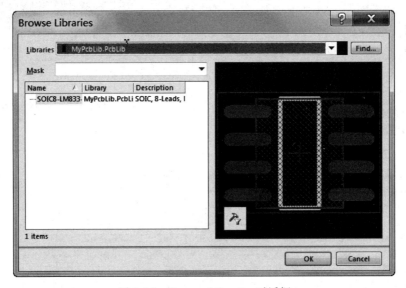

Browse Libraries

Libraries　MyPcbLib.PcbLib　　　　　　　▼　Find...

Mask　　　　　　　　　　　　　　　　▼

Name	/	Library	Description
SOIC8-LM833		MyPcbLib.PcbLi	SOIC, 8-Leads, I

1 items

OK　　Cancel

图 2.16　Browse Libraries 对话框

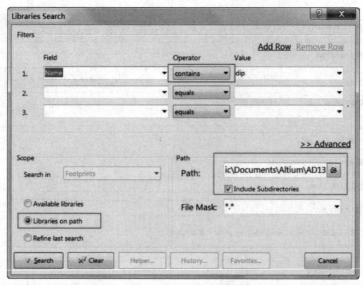

图 2.17   Libraries Search 对话框

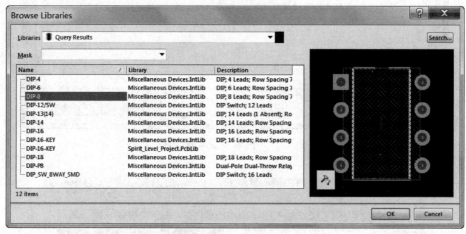

图 2.18   搜索结果

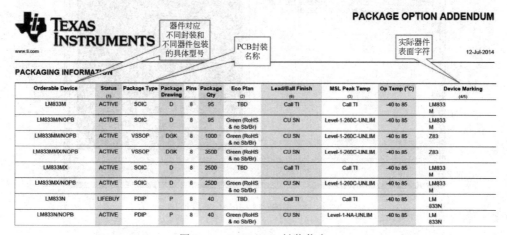

图 2.19   LM833-N 封装信息

2.3 自建 PCB 封装库和元件封装

目前很多公司都为同一型号的芯片提供不同形式的 PCB 封装类型，以便用户根据工程需要来选择。

如图 2.19 所示，在芯片的数据手册中找到名为 PACKAGING INFORMATION 的表，如图所示第一列为器件的具体名称，而 Package Type 列为封装类型，最后一列 Device Marking 列为拿到芯片实物表面的字符信息。

图 2.20 所示为芯片实物图片，其表面标示的第 2 行为 LM，第 3 行为 833N，从图 2.19 中可以看出该标示说明该芯片的封装是 PDIP。虽然 Altium Designer 软件提供了大量的 PCB 封装，可以直接使用，但是在实际设计的过程中（比如手工腐蚀和手工焊接电路板，这种状态下需要将焊盘做得大一些以方便腐蚀与焊接），因此绘制元件 PCB 封装也是一项必不可少的设计环节。

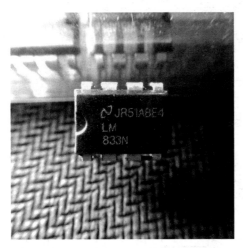

图 2.20 LM833-N(DIP 封装)实物图片

图 2.21 PCB Library 面板

2.3.1 建立 PCB Library

为了与自建原理图元件相配合，需要建立一个 PCB Library 来保存新绘制的 PCB 封装。PCB Library 建立步骤如下。

(1) 在菜单中选择 File→New→Library→PCB Library 命令，可以在工程导航窗口中看到生成了一个名为 PcbLib1.PcbLib 的文件。保持 PcbLib1.PcbLib 文件处于打开状态，可以在软件左边找到并单击 PCB Library 标签，打开 PCB Library 面板，如图 2.21 所示，在图中可以看到新建的 PCB Library 中默认存在一个名为 PCBCOMPONET_1 的空封装。

(2) 同新建 Schematic Library 一样,新建完成 PCB Library 后也需要使用菜单命令 File→Save As 来保存并命名新的库。在本例中使用 MyPcbLib 作为 PCB Library 文件的名称。

2.3.2　利用向导设计元件的 PCB 封装

完成 PCB Library 文件的建立与保存后,即可开始进行元件 PCB 封装的绘制。绘制的总体思路是:查阅相应器件的数据手册,找到需要使用的封装相关信息,使用软件中的封装向导,根据该信息进行绘制。在本节中仍然以 LM388-N 为例,在图 2.19 中,LM388-N 一共有 3 种封装形式,本节以 SOIC 为例简述如何使用向导绘制 PCB 封装。

(1) 首先在数据手册中找到相应封装的图例,LM388-N 的 SOIC 封装图例如图 2.22 所示。

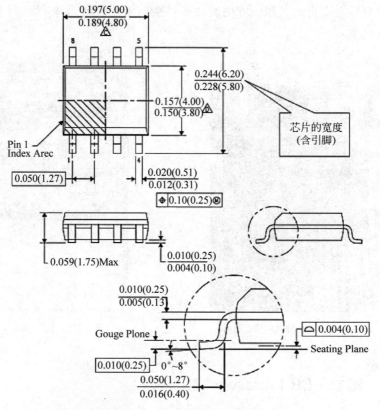

图 2.22　LM833-N 的封装图例

Notes:All linear dimensions are in inches(millimeters)。

(2) 在保持 MyPcbLIb. PcbLib 文件打开状态下,在菜单中依次选择 Tools→IPC Compliant Footprint Wizard 命令,在弹出的对话框中单击 Next 按钮。

(3) 在 Select Component Type 对话框中选择封装类型,如图 2.23 所示,在本例中选择 SOIC 后单击 Next 按钮。

(4) 在图 2.24 中依次填入芯片的封装信息,其信息可在图 2.22 中找到,如第一项

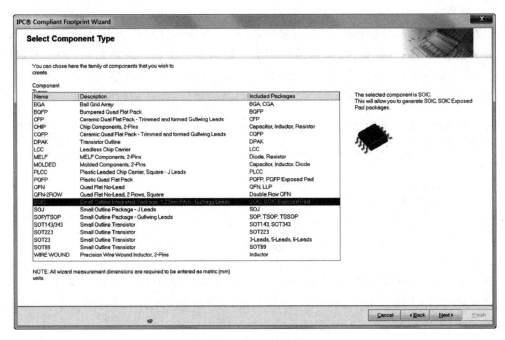

图 2.23　选择封装类型

Width Range(H)，根据图示可知：此处需要填入的是芯片的宽度（含引脚），图 2.22 所示的芯片宽度（含引脚）的信息为 $\dfrac{0.244(6.20)}{0.228(5.80)}$，参见图 2.22 的"Notes：All linear dimensions are in inches(millimeters)"注释，说明在图 2.22 所有的数据中不加括号的数据的单位均为英寸，括号内的数据单位均为毫米。因此，$\dfrac{0.244(6.20)}{0.228(5.80)}$ 表明芯片的含引脚的宽度最大值为 0.244 in(6.20 mm)，最小值为 0.228 in(5.80 mm)。因此，在图 2.24 的 Width Range(H) 一栏中，Minimum 填入 5.8 mm，Maximum 填入 6.2 mm。如此依次将图 2.24 中所要求的所有信息填写完毕。

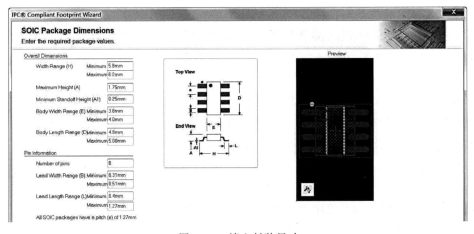

图 2.24　填入封装尺寸

(5) 在图 2.24 中填完信息,单击 Next 按钮后对话框变成填写封装的 thermal pad(热焊盘),在本例中不需要 thermal pad,直接单击 Next 按钮。在后续的几个对话框中均保持默认设置,直接单击 Next 按钮,直到最后一个对话框为新绘制的封装命名,建议不要使用默认的,改成设计人员一看就知道是什么封装、是哪个器件使用的名字,因此在本例中将为该封装命名为 SOIC8-LM833-N,如图 2.25 所示,然后单击 Next 按钮。

```
IPC® Compliant Footprint Wizard                                    X

SOIC Footprint Description
The footprint values can now be inferred from the package dimensions.
You can review and modify them here

☐ Use suggested values

Name         SOIC8-LM833-N
Description  SOIC, 8-Leads, Body 4.90x3.90mm, Pitch 1.27mm, IPC Medium Density
```

图 2.25 为封装命名

(6) 在接下来的对话框中向导询问当前绘制的封装保存在哪一个库文件中,一般根据需要选择,本例中选择 Current PcbLib File 命令,如图 2.26 所示。然后单击 Finish 按钮,即完成自建 PCB 封装。

```
IPC® Compliant Footprint Wizard                                    X

Footprint Destination
Select where to store the finished footprint.

○ Existing PcbLib File   [                    ]  [...]
○ New PcbLib File        [                    ]  .PcbLib
● Current PcbLib File    E:\tool\MyPcbLib.PcbLib
```

图 2.26 选择保存的库

2.4 绘制原理图

经过前几节的准备工作后,正式进入原理图绘制的环节了。本节以一个双通道的图形均衡器(graphic equalizer)的一部分为例,开始讲解绘制原理图的一般步骤。图形均衡器,虽然名称与"图形"有关,但是其作用与图形、图像等没有关系。

本节所涉及电路的参考电路如图 2.27 所示,从图中可以看出这是一个带通滤波器,电路的结构比较简单,通过改变电路中电阻、电容的值就可以改变滤波器的中心频率。例如,$C_1=0.12\ \mu F$、$C_2=4.7\ \mu F$、$R_1=75\ k\Omega$、$R_2=500\ \Omega$、$R_P=20\ k\Omega$,电路频带的中心频率为 32 Hz。在器件选择方面除可变电阻 R_P 外,其他器件均可使用贴片器件,电路中 LM833-N 前的 1/2 则表示用了 LM833-N 芯片中的一半,考虑到音频处理通常是分左右声道的,所以一片 LM833-N 芯片刚好能完成

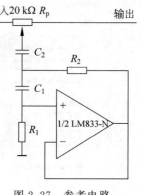

图 2.27 参考电路

一个频段的左右声道电路。

第一步是将所有要用的器件从库中"找"出来,这个过程中要注意:首先一定要确认器件的 PCB 封装,因为从 PCB 设计的角度来说,最后的目标是完成 PCB,如果器件封装不正确,那结果就是最后的电路板完全无用,所以最重要的一点就是 PCB 封装要正确。其次,如果不进行仿真、信号完整性检查,只关注最后的 PCB,那么原理图的器件形状、每一个电阻、电容的值是无关对错的,比如只要器件封装正确、连线正确,那么即使在原理图中用电容符号替代电阻符号,也能完成最后的 PCB 设计,但是需要注意的是,这种做法不值得提倡,甚至应该是坚决杜绝的。

在相关库中将所需的芯片、电阻、电容找出,在本例中首先找到 LM833-N,这个器件是在 2.2.2 节中绘制的。

2.4.1 查找、放置器件的方法一

(1) 在确认 Equalizer. SchDoc 文件处于可编辑状态下,单击菜单命令 View→Fit Document (快捷方式:V,D),使得原理图文档铺满整个软件编辑区域。

(2) 依次单击菜单命令 Place→Part(快捷方式:P,P)后会弹出一个名为 Place Part 的对话框,单击该对话框的 Choose 按钮后会弹出一个名为 Browse Libraries 的对话框,如图 2.28 所示。

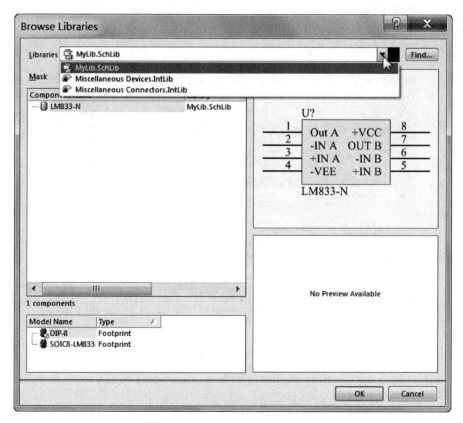

图 2.28 Browse Libraries 对话框

（3）在图 2.28 光标指针处，单击打开当前工程中的库文件列表，如果没有显示如图所示的名为 MyLib.SchLib 的库文件，则需要将 2.2 节所述的自建库加载到本工程中。

（4）选中 MyLib.SchLib 文件后，在下方的元件列表中选中 LM833-N 器件后单击 OK 按钮。回到 Place Part 对话框，再在该窗口中单击 OK 按钮，回到原理图编辑主界面，移动光标会发现器件 LM833-N 会随着光标一起移动。此时按 Tab 键，弹出器件 LM833-N 的属性对话框。

（5）在 LM833-N 的属性对话框中，首先在 Designator 栏中输入 U1，表示这个器件是本原理图中的第一个芯片。

（6）在 Models 栏中选中所需的封装 SOIC-LM833-N，单击 OK 按钮关闭对话框后，将光标移动到合适的位置，按空格键来将器件旋转到所需的角度，单击鼠标左键放置 LM833-N。

（7）在上述步骤后，会发现放置完一个 LM833-N 后，光标上仍然还有一个 LM833-N 随着光标移动，这一特点使得如果要一次放置多个同类器件变得更加方便。在本设计中只要一个 LM833-N，此时只需按 Esc 键或右击即可退出元件放置状态，光标恢复到标准箭头状态。

2.4.2　查找、放置器件的方法二

在本节中将以查找、放置电阻为例来讲述第 2 种查找放置器件的方法：

（1）在软件右边打开 Libraries 面板如图 2.29 所示，在库列表中选中系统自带的 Miscellaneous Devices 库，在库列表下方的过滤器中输入所需器件的名称，在本例中输入电阻的名称简写 res。

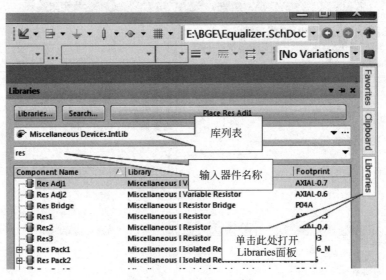

图 2.29　Libraries 面板

（2）在器件列表中双击 Res1 或者单击上方的 Place Res1 按钮。光标就变成器件放置状态，即有个电阻符号跟随光标一起移动。

（3）按 Tab 键打开 Res1 属性对话框。

（4）在 Res1 属性对话框的 Designator 的文本框中输入 R1，表示序号为 1 的电阻。

（5）在 Comment 文本框中输入电阻 R_1 的阻值 75 kΩ，或者在 Comment 文本框中输入"＝Value"，并去掉后面的 Visible 的勾选，同时在 Parameters 的 Value 一栏中填入 75 kΩ，同时注意选中 Value 前的 Visible。

（6）在默认情况下器件 Res1 在 Models 一栏中 Footprint 为 AXIAL-0.3，这一封装为通孔直插电阻的封装（在 1.1.4 节有较详细的介绍）。在本例中需要使用 0805 封装的电阻，因此需要改变 Res1 的封装。

（7）给 Res1 添加 0805 的封装的步骤详见 2.2.3 节中的步骤（5）。只是在搜索栏中填入的不是 dip 而是 0805，搜索的结果如图 2.30 所示。

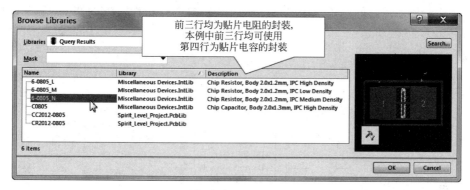

图 2.30　搜索贴片电阻封装

如图 2.30 所示，根据搜索结果第 3 列的 Description 信息，可以看出前 3 个封装都是贴片电阻 0805 的封装，它们之间的区别是装配时器件密度的大小，即在布局时相邻的两个电阻之间的最小距离的差别，选择不同的 L、M、N 后缀，其显示的绿框大小不同。

（8）完成上述步骤后"电阻器件属性"对话框的最后结果如图 2.31 所示，单击 OK 按钮关闭对话框，一个标有"R1""75 kΩ"的电阻符号就会随着光标在原理图编辑界面上移动。

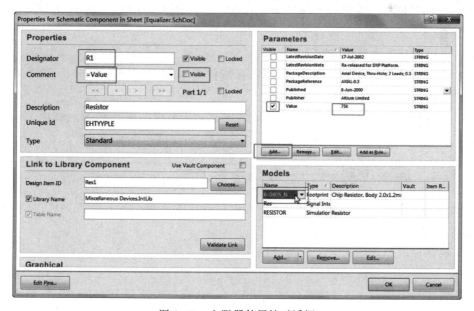

图 2.31　电阻器件属性对话框

（9）如果需要可按键盘空格键来旋转电阻。

（10）将光标移动到靠近芯片 3 脚（＋IN A）附近，单击鼠标左键放置电阻 R_1。

（11）放置完 R_1 后，会发现跟随鼠标移动的电阻符号变成了"R_2""75 kΩ"了，此时再次按 Tab 键，打开 R_2 的属性对话框，将 Parameters 栏中 Value 的值改为 500 Ω，单击 OK。

（12）进行相应的旋转后将 R_2 放置在芯片 1 脚（Out A）附近。从而完成一个通道的电阻放置，依此步骤继续放置 75 kΩ 的 R_3 和 500 Ω 的 R_4，将第 2 个通道的电阻放置完毕。

按照前述方法放置余下电容器、电阻器，过程中需注意电容的名称为 Cap，可变电阻器的名称为 RPot，且在放置电容时可用封装如图 2.30 所示的 C0805。器件放置的位置应参照参考电路中各器件之间的连线来确定。对照原理图进行器件位置的调整，完毕后的器件布局结果如图 2.32 所示。

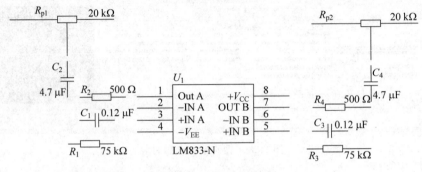

图 2.32　器件放置完毕

2.4.3　如何调整器件位置

（1）器件全部放置完毕后，如需对器件放置的位置进行调整，单击并拖动目标器件，到预定位置后松开鼠标左键即可。拖动器件移动的最小距离是由 Snap Grid 的大小决定的，在摆放器件时一般设置为 5 或者 10。

（2）也可以在单击器件将其选中后按住 Ctrl 键，使用键盘的方向键来调整器件位置，在这个过程中如果需要移动的距离太远，可以在按住 Ctrl 键的同时按住 Shift 键来使得移动最小距离变成 Snap Grid 的 10 倍。

（3）在调整器件 Designator 和 Value 的时候，需要较小最小位移，此时不必去修改 Snap Grid 的值，只需单击并拖动该字符串的时候按 Ctrl 键将当前值暂时设置为 1。

2.4.4　连接电路——导线连接方式

连线是在原理图中建立元件引脚间物理电气连接关系的方法。参照图 2.27 的电路并按以下步骤完成器件之间的连线：

（1）确认你的原理图有一个好的视野，从菜单中选择 View→Fit All Objects 命令（快捷键 V，F）。

（2）首先将电阻 R_1 与芯片的 3 脚连接起来。从菜单中选择 Place→Wire 命令（快捷键 P，W）或从 Wiring Tools（连线工具）工具栏中单击 Wire 工具进入连线模式，光标将变为

"十"字形状。

（3）将光标移动到 R_1 靠近芯片的那一端。当光标到达正确接线的位置时，一个红色的连接标记（大的星形标记）会出现在光标处。这表示光标在元件的一个电气连接点上。

（4）单击或按 Enter 键固定第一个导线点。移动光标会看见一根导线从光标处延伸到固定点。

（5）将光标移到芯片的 3 脚，单击或按 Enter 键在该点固定导线。在第一个和第二个固定点之间的导线就放好了。

（6）这样完成一次器件之间的连线，此时应注意光标仍然为十字形状，表示你可以直接开始放置其他导线。要完全退出放置模式恢复箭头光标，应该再一次右击或按 Esc 键。

（7）如果要连接的两个元件不在同一水平线或垂直线上，则在画线的过程中单击鼠标来确定导线的拐弯位置，同时可以使用键盘的 Shift＋空格键来切换导线的拐弯方式。

（8）按照上述步骤对照图 2.27 的电路完成余下连线。

2.4.5 连接电路二——Net Label 方式

在原理图绘制过程中，器件之间的电气连接除了上述使用导线的连接方式外，还可以使用 Net Label 方式来实现器件之间的电气连接。Net Label 是 Altium Designer 中另外一种实现具有电气连接意义的连接方式，其作用是通过将同一名称的两个或多个 Net Label 分别放置在不同的器件引脚，从而实现这些引脚的实际物理电气连接。这种方式主要应用于同一原理图中需要连接的两个引脚距离较远或电路连接走线复杂这两种情况。在原理图编辑器的默认情况下 Net Label 的作用范围是单张原理图，但其作用范围也可通过调整 Net Identifier Scope 来实现跨原理图的连接，一般不推荐修改该选项。

（1）从菜单中选择 Place→Net Label 命令（快捷键 P，N），或从 Wiring Tools 工具栏中单击 Place Net Label 工具进入放置 Net Label 模式。

（2）在放置模式下，光标变成"十"字并且附有一个名为 Net Label1 的标签如图 2.33 所示。

（3）按 Tab 键，在弹出的 Net Label 对话框中的 Net 后的文本框内输入节点名称，比如：L_in，如图 2.34 所示，单击 OK 按钮关闭对话框返回放置 Net Label 模式。

图 2.33   Net Label

（4）将光标移动到图 2.32 中器件 R_{p1} 的左端，当光标到达正确接线的位置时，一个红色的连接标记（大的星形标记）会出现在光标处。这表示光标在元件的一个电气连接点上。单击，完成一次名为 L_in 的 Net Label 的放置。

（5）放置完毕后仍然为放置 Net Label 的状态，Net Label 的名称仍然没有改变（如果 Net Label 名称中含有数字，则放置后 Net Label 中的数字会自加 1），此时将光标移至需要与 R_{p1} 的左端相连接的器件的引脚再次放置，则完成该器件引脚与器件 R_{p1} 的左端引脚的连线。

对于电源和接地的处理，Altium Designer 提供了专门的电源和地符号。电源和地符号可以通过菜单命令 Place→Power Port（快捷键 P，O）来选用，也可以在编辑界面上方的画线工具条中单击选用，其在工具条中的外形如图 2.35 所示。

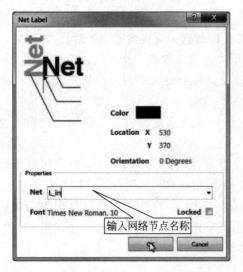

图 2.34　Net Label 对话框　　　　图 2.35　电源和地符号

　　电源和地符号其实是一种具有特殊符号的 Net Label。它们的用法和 Net Label 用法一样,也是按 Tab 键,在弹出窗口中输入电源名称或接地名称,具有相同名称的电源或地会自动连接在一起。

　　在实际设计的过程中,为了将本电路与其他电路、电源连接起来需要增加一些对外的接口。在本例中使用 header2 和 header3 作为电路接口,同时需要添加一些电容对电源进行滤波,原理图绘制完成后效果如图 2.36 所示。

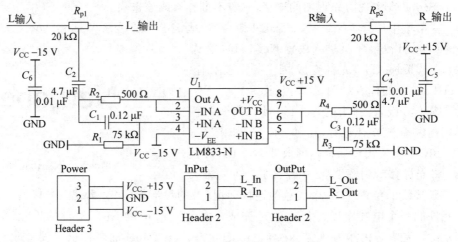

图 2.36　最后完成的原理图

2.5　绘制 PCB

　　完成原理图绘制后,就进入 PCB 设计的最后一个环节了,在本环节中主要完成 PCB 文件的建立、器件与器件之间连接关系的导入和器件的布局布线等。

2.5.1　创建 PCB 文件

绘制 PCB 的第一个步骤是创建一个新的 PCB 文件,创建新的 PCB 文件的方法与创建原理图的文件的方法相似,具体步骤如下(为减小本书篇幅,本环节中将省略相关图片):

(1) 在工程导航条中右击工程文件 Equalizer. PrjPCB,在弹出菜单中选择 Add New to Project→PCB 命令后,在软件中就会打开一个名为 PCB1. PcbDoc 的空白 PCB 文件,同时在工程导航条的工程文件下的 Source Documents 文件夹中出现一个名为 PCB1. PcbDoc 的文件。

(2) 在菜单中选择 File→Save As 命令,就会弹出一个文件保存的对话框,在这个窗口中确认一下当前的保存路径为工程所在的文件夹后,在"文件名"栏内输入 PCB 文件的名称,本例中文件命名为 Equalizer. PcbDoc,单击"保存"按钮。

与绘制原理图一样,在 PCB 编辑界面中与原理图编辑界面中一样,均可使用键盘的 Page Up 键和 Page Down 键或在按下 Ctrl 键时利用鼠标滚轮将图纸放大或缩小。

2.5.2　PCB 设计过程中层的概念简介

为了方便进一步描述如何设计 PCB,首先有必要简要介绍一下设计 PCB 过程中所涉及的层,在 PCB 编辑界面的下方有一系列的标签如图 2.37 所示,每一个标签代表了 PCB 的一个可编辑的层。

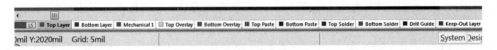

图 2.37　层的标签

Top Layer 和 Bottom Layer 一般又称为 Signal Layer(信号层),这两层主要用于放置元件和布线。如果是设计单面板,则只在 Bottom Layer 进行布线;如果设计的是双面板,则 Top Layer 和 Bottom Layer 均可放置元件和进行布线。

Top Overlay 和 Bottom Overlay 分别为顶层和底层的丝印层,用来放置 PCB 表面的文字或器件符号等信息,这两层无任何电气属性。

Keep-Out Layer 常用于确定 PCB 的电气边界,即 PCB 的板子外形尺寸。

2.5.3　PCB 规划

当 PCB 文件创建完毕后,需要对 PCB 的外形、尺寸以及装配孔等进行预先的规划,以下为设定 PCB 外形、尺寸的步骤。

(1) 从菜单中选择 View→Fit All Objects 命令(快捷键 V,F),将 PCB 文件中的黑色区域缩放为刚好覆盖整个屏幕,从而获得一个较好的 PCB 图视野。

(2) 单击软件下方的 Keep-Out Layer 标签,从菜单中选择 Place→Line 命令(快捷键 P,L)进入画线模式,在此模式下有一个"十"字在光标箭头出现,并随光标一起移动。

(3) 在黑色区域的适合地方(使得画出的图形,即 PCB 的外形尽量处于黑色区域的中部),将图纸放大,直至看到网格线。

(4) 在网格线交叉的地方单击,并移动光标(也可以使用键盘的方向键),在需要转角处单击,直至移动到绘制的起点处形成一个线封闭起来的图形,本例中为一个长方形。当最后移动到起点处要注意光标要对齐最开始的那个点,当对齐时会有圆圈出现在"十"字的中心,如图2.38所示。

（5）接下来为绘制线框标注长、宽的尺寸。从菜单中选择 Place→Dimension→Linear 命令(快捷键 P,D,L),进入放置标注模式,如图2.39所示,有带数字的两个相对箭头随光标移动。

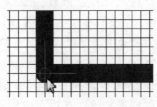

图2.38 对齐起点

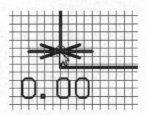

图2.39 放置标注模式

（6）按 Tab 键弹出标注的属性窗口,找到 Unit 并在其后的下拉菜单中选择 Millimeters,将标注的默认单位改为"mm"。

（7）在放置标注模式下,将光标移动到刚画好的长方形的左边一条边上,当移动到正确的位置时光标上会出现一个小圆圈,如图2.39所示,在图示状态下单击,使得左边的箭头固定在线上,此时移动光标到对边上并在光标出现小圆圈时单击,完成对长方形边长的尺寸标注。

注意:在测量宽度时,有时会出现无论如何移动光标,两个箭头均为横向测量,反之亦然,此时可按空格键在横向测量和纵向测量之间切换。

（8）在对边单击完后,标注会出现在线框的内部,此时向线框外移动光标,将标注移动到线框的外部,并单击将标注放置在线框外。

（9）放置好的标注如图2.40所示,在这种情况下可以单击并拖动任意一条边线来调整线框的大小,所标注的尺寸会随之改变。单击边线后,边线会反白以表示处于选中状态,在

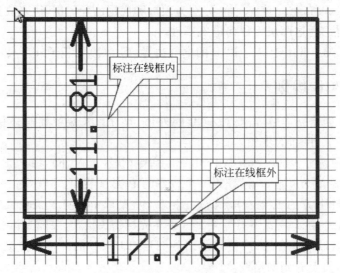

图2.40 完成标注

该状态下线的两端和中心点会出现白点,当光标处于非白点处和中心白点处时其外形的区别如图 2.41 和图 2.42 所示。要调整线框(即电路板)的大小需将光标移动到非白点处进行拖动。

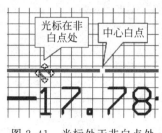

图 2.41 光标处于非白点处

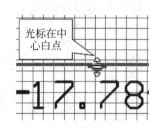

图 2.42 光标处于中心白点处

至此完成了对 PCB 设计的一些初步处理。

2.5.4 导入元器件封装及其连接

在前文中建立了一个空白的 PCB 文件,并通过在 Keep-Out 层绘制边框来定义电路的外形和尺寸。在本节,将把原理图中的元件封装信息以及元件之间的连接关系导入 PCB 文件中。确认原理图中元件之间的连接关系和元件的封装信息准确无误后,即可按照以下步骤进行。

(1) 确认当前处于编辑状态的文件是原理图文件还是 PCB 文件。如果是原理图文件,则按步骤(2)进行并跳过步骤(3);如果是 PCB 文件,则跳过步骤(2)从步骤(3)开始进行。

(2) 在菜单中依次单击 Design→Update PCB Document Equalizer.PcbDoc。

(3) 在菜单中依次单击 Design→Import Changes from Equalizer.PrjPcb。

(4) 弹出一个名为 Engineering Change Order 的对话框如图 2.43 所示。

(5) 单击对话框下方的按钮 Validate Changes,如果所有的改变都是有效的,则在 Status 栏状态下方的 Check 列出现绿色的"√",如图 2.43 所示,如果某一行出现红色的"×",则表明该器件封装没有找到,或是器件引脚编号与相应的封装引脚编号不能一一对应,从而不能添加相应的连接关系。遇到红"×"时应返回原理图检查相应的元件(在 Affected Object 列中显示),修改后再从步骤(1)开始。

(6) 如果都出现绿色的"√",则继续单击 Execute Changes 按钮,将所有的封装以及连接关系导入 PCB,导入完成后,Status 栏下方的 Done 列出现绿色的"√"。

(7) 单击 Close 按钮关闭对话框,软件会将 PCB 文件自动切换为编辑状态。

(8) 如当前视野中没有看到器件封装,可使用 View→Document(快捷键 V,D)获得一个比较好的视野。

2.5.5 设定 PCB 编辑环境

为了在设计 PCB 的时候更加方便,在布局、布线之前可以先对 PCB 文件的编辑环境进行一系列的设定。

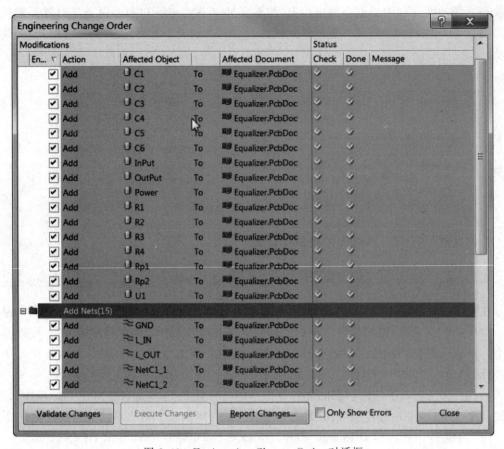

图 2.43　Engineering Change Order 对话框

1. 设定栅格

　　放置在 PCB 绘制区域的所有对象(元件以及元件之间的连线)均排列在捕获栅格(Snap Grid)上。对栅格进行适合的设置会使得布局和布线更加方便。通常而言,需综合考虑 PCB 设计中导线(Tracks)的宽度、导线间距以及芯片引脚的间距来设定栅格(Grid)的数值。原来在设定相关参数时一直使用英制单位,目前国际上在推行使用国际单位制单位,但考虑到在电路中使用的 header 接口其相邻引脚的间距为 100 mil,所以在本例中使用英制单位,且由于其间距为 100 mil,所以,栅格的设定应该为 100 mil 的分数,在这种情况一下一般取 Snap Grid 为 25 mil,设定栅格的方式为:

　　(1) 使用快捷方式 Ctrl+G 打开名为 Cartesian Grid Editor 对话框。

　　(2) 在弹出对话框中 Step X 以及 Step Y 处输入 25 mil,单击 OK 按钮关闭对话框。

2. 器件布局的相关设定

　　为了使得布局更加方便可以按照如下步骤进行设定:

　　(1) 单击菜单 Tools→Preferences ,打开 Preferences dialog 对话框。

　　(2) 在对话框左边单击 PCB Editor 下的 General,在打开页面中选中 Snap To Center

和 Smart Component Snap。

（3）在对话框左边单击 PCB Editor 下的 Interactive Routing，在打开页面中选中 Automatically Terminate Routing 与 Automatically Remove Loops 两个选项；确认 Interactive Routing Width 和 Via Size Sources 两个选项后的下拉菜单中选中 Rule Preferred，如图 2.44 所示。

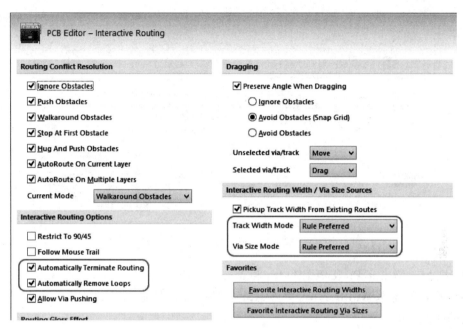

图 2.44　Interactive Routing 窗口

3. 设置规则

PCB 编辑器是一个规则驱动的设计环境，软件会监控用户在设计 PCB 时的每一个动作，以检查用户行为所导致的 PCB 改变是否满足当前设计规则（design rules）的要求，如果出现改变不符合规则的情况，软件通常会将不符合规则的部分用绿色标出，以提醒设计人员。所以在正式进入 PCB 的布局布线之前应首先将相关规则定义好。

PCB 编辑器的设计规则覆盖了电气、布线、制造、放置、信号完整性等，分为 10 个类别，因篇幅限制，在本节中仅以设定线宽为例进行讲解。在一般设计中电源和地线的走线相对较宽，其他的信号线则相对较窄。因此，在设定规则时可以针对电源地和其他信号分别设定两个线宽规则。修改线宽按如下步骤进行操作：

（1）切换到 PCB 图的设计界面，单击菜单选择 Design→Rules，弹出名为 PCB Rules and Constraints Editor 的对话框。

（2）PCB Rules and Constraints Editor 对话框的左边有一个名为 Design Rules 的根目录，在根目录下找到并单击 Routing 前的"＋"，展开 Routing 目录，其下方显示当前设计中已存在的 Width 规则，在默认情况下在 Width 目录下仅有一个 Width 规则，如图 2.45 所示。

（3）单击 Width 目录下的 Width，在窗口的右边显示当前规则的 Full Query（适用范围），图 2.45 中适用范围为 All 则表示当前规则适用于本设计中的所有连线。

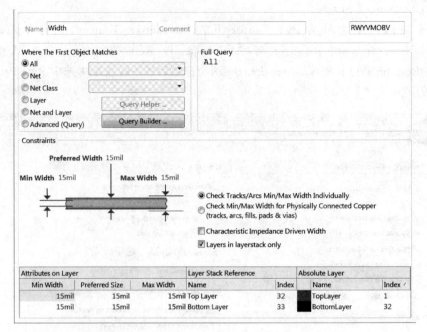

图 2.45　PCB Rules and Constraints Editor 对话框

（4）把 Min Width、Preferred Width 和 Max Width 都设定为 25 mil，并在 Name 后的对话框中将其名称改为 Width_All。单击 Apply 保存当前设置，接下来需要为电源和地设置一个新的线宽规则。

（5）在窗口左边的目录中，右击 Width，在弹出菜单中选择 New Rule 后，在目录树中会出现一个名为"Width_1"的新线宽规则。

（6）单击 Width_1，在右边窗口 Name 后的文本输入框中输入新的线宽规则名，比如：Width_Power。在接下来的步骤中将设置新规则的适用范围。

（7）选中 Advanced(Query)选项后，Full Query 下方的文本框内输入"(InNet('GND') OR InNet('VCC_＋15V') OR InNet('VCC_－15V'))"，然后再修改 Min Width、Preferred Width 和 Max Width，如图 2.46 所示。

（8）如图 2.46 所示，在当前设计的线宽规则中存在适用范围为电源和地线的 Width_Power 规则，以及适用范围为所有线的 Width_All 规则。应该关注到 Width_All 的范围其实已经包含了 Width_Power 规则的范围。在这种有多条规则且适用范围有交叉覆盖的情况下，就必须考虑这两条规则的优先级，如果适用范围为 All 规则的优先级高于其他规则，则其他规则就不会有实际效果。在图 2.46 的左边可以看到，此时说明 Width_Power 规则位于 Width_All 规则上方，此时是两条规则都能发挥应有的效果。如果设定完成后 Width_All 处于 Width_Power 的上方，则 Width_Power 无法发挥应有的作用，此时应单击图 2.46 左下方 Priorities 按键，打开 Edit Rule Priorities 对话窗，通过该对话窗下方的 Increase priority 或 Decrease priority 进行相关优先级的调整。

注意：第(7)步中输入的适用范围也可以单击 Query Builder 按钮来打开图形界面来输入。

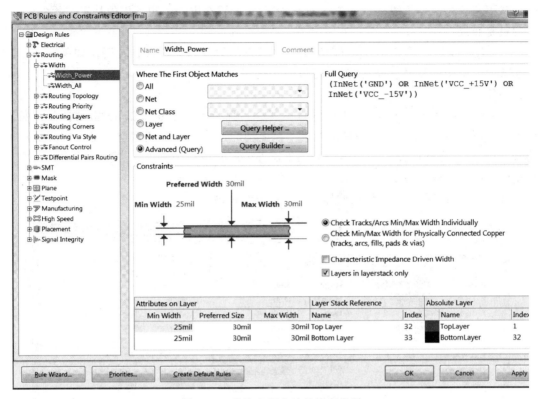

图 2.46　设定电源和地的线宽规则

至此已经完成 PCB 设计之前的一些基本的设置,在实际的工程中还有许多规则需要根据实际需要去设定,如果需要进一步的信息,可以到 http://techdocs.altium.com/中去查找资料。

2.5.6　器件的布局

现在业界普遍认为在 PCB 的设计过程中,90%的工作量是器件布局,而 10%的工作量是布线。当然也有许多人对此不以为然,但是不可否认的一点是,好的器件布局是设计好 PCB 的关键。布局不是一次性的工作,而是一个布局—布线—布局—布线的反复迭代过程,因此要根据布局后布线过程中的具体情况来调整原先的布局,有时甚至推翻原有布局。

注意:在 PCB 设计过程中所谓的导线也称作铜膜导线,是 PCB 上的敷铜经过蚀刻处理而形成的一定宽度和形状的导线,用来实现电路板上元器件引脚之间的电气连接,布线指的是完成上述导线的设计,而飞线是指在 PCB 设计时,导入网表而未布线前的预拉线。飞线是用来表示各个焊盘的电气连接关系的线,并不是物理上的具有电气连接关系的导线。飞线与导线有本质的区别,飞线只是一种形式上的连线,它只是形式上表示出各个焊盘间的连接关系,没有电气的连接意义;导线则是根据飞线指示的焊盘间的连接关系来布置的,是具有电气连接意义的连接线路。

接下来开始根据飞线指示的连接关系,将器件放置在电路板边框内的特定位置上,这一过程就是布局。

(1) 使用快捷方式 V 和 D,将设计窗口进行自动缩放以获得最佳视野。如果在布局或者布线的过程中需要进行放大缩小,可以使用键盘 PageUp 或 PageDown 或者使用 Ctrl+鼠标滚轮。

(2) 摆放器件的方式为:单击选中目标器件后保持鼠标左键被按下,拖动器件到目的位置,松开按键即可完成目标器件的摆放。在拖动的过程中可以使用空格键来实现器件的旋转,也可以在拖动过程中按 Tab 键来调出器件的属性窗口如图 2.47 所示,在光标所在处单击选择 Top Layer 或 Bottom Layer 以选择器件所放置的层。

(3) 器件的序号也可以使用同样的方式来进行摆放。

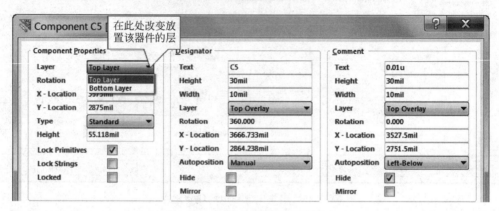

图 2.47 PCB 中器件的属性窗口

(4) 在摆放器件的过程中,常常会遇到同种封装器件需要放在一起的情况,此时需要将这些器件进行对齐放置,使得 PCB 的版面更加整齐。Altium Designer 的 PCB 编辑器提供了各种极为方便的对齐命令。选中需要对齐的器件,选中的方式有两种:按住 Shift 键,单击需要对齐的器件;也可以按住鼠标左键拖出一个矩形框来框住需要的器件。被选中的器件颜色会反白显示,如图 2.48 所示,R_2、C_1、R_1、C_6 处于选中状态。

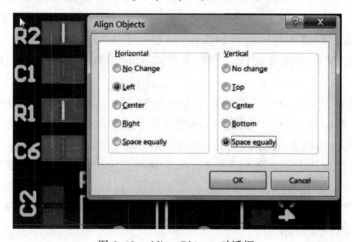

图 2.48 Align Objects 对话框

（5）右击选中器件中的任意一个器件，在弹出菜单中依次单击 Align→Align...，弹出名为 Align Objects 的对话框，如图 2.48 所示。在窗口中的 Horizontal 栏选择 Left，Vertical 栏中选择 Space equally，表示将 4 个选中的器件进行左对齐，并且平均分配垂直间距。单击 OK 完成器件的对齐，其他需要对齐放置的器件也用相同的方法处理。器件摆放完成后如图 2.49 所示。

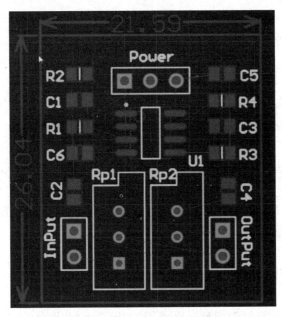

图 2.49　完成器件摆放

　　PCB 布局时的总体思想是在符合产品电气以及机械结构要求的基础上考虑整体美观。在一个 PCB 上，元件的布局要求要均衡、疏密有序，同时应遵循以下规则。

　　（1）要考虑元件在装配过程中是否会因外形过大导致邻近元件装配困难。在需要散热的地方是否装了散热器。

　　（2）对于电位器、可调电感线圈、可变电容、微动开关等可调元件的布局应该考虑整机的结构要求。若是机内调节，应该放在电路板上容易调节的地方；若是机外调节，其位置要与调节旋钮在机箱面板上的位置相对应。

　　（3）应该预留电路板的安装孔和支架的安装孔，因为这些孔附近是不能布线的。

　　（4）按照电路功能布局，如果没有特殊要求，尽可能按照原理图的元件安排对元件进行布局，信号从左边进入、从右边输出，从上边输入、从下边输出。按照电路流程，安排各个功能电路单元的位置，使信号流通更加顺畅并保持方向一致。

　　（5）如果设计中有一个核心芯片、电路，则布局时应围绕核心芯片或者电路进行布局，元件排列应该均匀、整齐、紧凑，原则是减少和缩短各个元件之间的引线和连接。数字电路部分应该与模拟电路部分分开布局。

　　（6）对于需要流水线大批量生产的设计，板上所有元件在布局时应考虑与电路板边缘至少有 3 mm 的距离，因为在大批量生产中进行流水线贴片、插件和进行波峰焊或回流焊时，需要板子边沿的空白区域可以提供给导轨槽使用。

　　（7）首先放置与结构紧密配合的固定位置的元件，例如电源插座、指示灯、开关和连接插件等；再放置特殊元件，例如发热元件、变压器、集成电路等；最后放置小元件，例如电阻、电容、二极管等。

2.5.7　布线

布线是在 PCB 上通过放置敷铜导线和过孔(via)以建立器件引脚间电气连接关系的过程。布线的方式有两种，一种使用 PCB 编辑器提供的自动布线功能进行自动布线；另一种为设计人员手工布线。在本节中将介绍如何在顶层(Top Layer)进行手工布线。在布线之前，首选要确认的是需要在哪一个层进行布线，是顶层还是底层还是在两层均要进行布线，如果只在顶层或底层布线，那么板上的贴片器件就应该放置在相应的层，将器件放置在相应的层的方式如图 2.47 所示。在本例中，将贴片器件全部放置在顶层，所以布线也将在顶层完成。布线的方法为：

（1）在布线前先进行栅格(Grid)的调整，使用快捷键 Ctrl＋G 打开 Cartesian Grid Editor 对话框，在 Step X 的文本输入框中输入 5mil，单击 OK 关闭对话框。

（2）检查当前的编辑层是否为顶层(Top Layer)，如果不是，则按照图 2.37 所示，单击 Top Layer 标签将当前工作层切换到顶层。

（3）为了更加方便地只在顶层布线，使用快捷方式 Shift＋S 进入单层编辑模式。

（4）在菜单选择 Place→Interactive Routing(快捷方式 P,T)进入交互式布线工作模式。

（5）在交互工作模式下，光标变成一个"十"字，当光标足够靠近目标焊盘时，光标会自动吸附到焊盘的中心位置，同时出现一个圆圈，如图 2.50 和图 2.51 所示。

（6）图 2.51 所示的状态下光标"十"字中心出现一个圆圈，表示光标已经吸附到焊盘中心，在此状态下单击固定铜箔导线的第一个点，同时与当前焊盘无连接关系的其他焊盘会变成灰色。

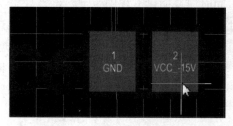
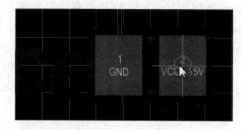

图 2.50　光标未吸附到焊盘中心　　　　　　　图 2.51　光标吸附到焊盘中心

（7）向着目标焊盘处移动光标，当遇到"障碍"需要改变布线方向时，可单击来改变布线方向，需要特别注意的是走线不要呈直角或者锐角。

（8）光标移动到目标焊盘后同样需注意光标是否已经吸附到焊盘中心，在光标自动吸附到焊盘中心后单击，然后继续移动到下一个目标焊盘，直至当前网络的所有焊盘连接完毕。在任何状态下右击均可退出交互布线状态。

（9）重复(5)～(8)步直至完成所有布线，布线结果如图 2.52 和图 2.53 所示，这两个图没有本质区别，只是显示方式不一样。

（10）在布线过程中如果要删除一条导线段，首先单击需要删除的导线，按 Delete 键删除选中的导线段。

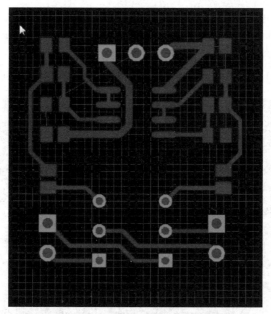

图 2.52 布线完成（单层编辑显示模式）

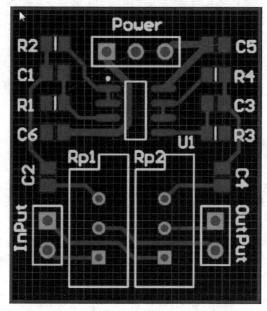

图 2.53 布线完成（非单层编辑显示模式）

（11）如果觉得布的某条导线不满意，则只需布新的导线段即可，布完新导线后，旧的导线段会被自动移除。

（12）当所有网络的布线都完成后，可以选择菜单 Tools→Teardrops 打开 Teardrop Options 对话框，在对话框的 Action 栏中选择 Add，然后单击 OK，为所有焊盘与导线的连接处添加"泪滴（Teardrops）"。

（13）细心的读者可能已经发现在图 2.52 和图 2.53 中还有飞线存在，这意味着还有网络没有布线，在本例中飞线是 GND 网络。

（14）选择菜单 Place→Polygon Pour，在弹出的 Polygon Pour 对话框的 Properties 一栏的 Layer 的下拉菜单中选择当前编辑层（Top Layer），在 Net Options 一栏的 Connect to Net 的下拉菜单中选择 GND，单击 OK 关闭对话框，光标变成带"十"字的光标后沿 PCB 的外框画矩形框完成敷铜。最终完成的 PCB 图如图 2.54 和图 2.55 所示。

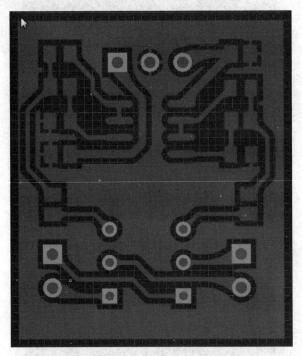

图 2.54　最终完成（单层编辑显示模式）

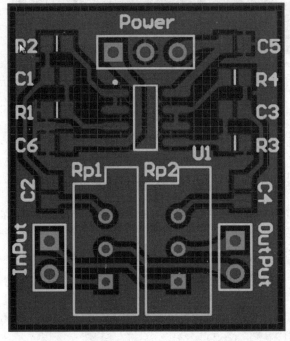

图 2.55　最终完成（非单层编辑显示模式）

布线应遵循的一些规则：

（1）选择好接地点：现在有许多 PCB 不再是单一功能电路（数字电路或模拟电路），而是由数字电路和模拟电路混合构成的。因此在布线时就需要考虑它们之间的互相干扰问题，特别是地线上的噪声干扰，所以在数字电路和模拟电路协同工作时，需要仔细选择模拟地和数字地的共地点（通常所说的一点地）。

（2）合理布置电源滤波/退耦电容：布置这些电容时应尽量靠近这些元部件，离得太远没有作用。电源和地要先过电容，再进芯片。

（3）尽量加宽电源、地线宽度，最好是地线比电源线宽，它们的宽度关系是：地线＞电源线＞信号线。

（4）关键信号要进行处理，如时钟线应该进行包地处理，避免产生干扰，同时在晶振器件边做一个焊点使晶振外壳接地。

2.5.8　分层次原理图设计

在设计过程中，经常遇到需要重复使用某些单元电路模块的情况，比如本章前文设计的电路就是音频均衡器（graphic equalizer）电路中的一部分，在实际电路系统往往需要几个甚至是十几个同样拓扑结构，但器件参数稍有区别的电路，设计过程就会有大量重复性的工作。与之相类似还有：同一电路模块在不同的设计中重复使用的情况。针对这些需要复用的情况，Altium Designer 软件提供了 snippet 和 hierarchical design 两种方法来完成电路单元模块的复用。

本节将介绍带参数分层次原理图设计（parametric hierarchical design），这种设计方法中，元件的参数如电阻值、电容值等器件参数将不再填写在原理图元件属性表中，而是填写到图纸符号（Sheet Symbol）的属性中。即使面对每一通道参数都不一样的多通道复用设计，使用带参数分层次原理图设计方法，会使得设计更加方便、快捷、高效。

前文中已经完成了一个频段的设计，表 2.1 为 10 个频段 graphic equalizer 的电阻、电容的参数，接下来就以 2.4 节绘制的原理图为基础，介绍带参数分层次原理图设计。

表 2.1　多频段图形均衡器参数表

Fo/Hz	C_1/pF	C_2/μF	R_1/kΩ	R_2/Ω
32	120 k	4.7	75	500
64	56 k	3.3	68	510
125	33 k	1.5	62	510
$\vdots$	$\vdots$	$\vdots$	$\vdots$	$\vdots$
8 k	510	0.022	68	510
16 k	330	0.012	51	510

为了使用参数分层次原理图设计的方法来实现 10 频段的 graphic equalizer，首先要将 2.4 节绘制的原理图稍作修改。步骤为：

（1）在工程导航条双击 Equalizer.SchDoc，使该文件处于可编辑状态。

（2）在原理图中双击 R_1，在弹出的 Properties for Schematic Component in Sheet 对话框中，将 Parameters 栏 Value 后 75k 改为"＝R1_Value"，对话框中的其他信息均保持不变。如图 2.56 所示。

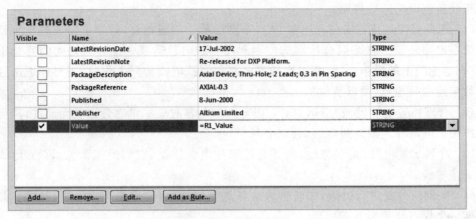

Parameters

Visible	Name	Value	Type
☐	LatestRevisionDate	17-Jul-2002	STRING
☐	LatestRevisionNote	Re-released for DXP Platform.	STRING
☐	PackageDescription	Axial Device, Thru-Hole; 2 Leads; 0.3 in Pin Spacing	STRING
☐	PackageReference	AXIAL-0.3	STRING
☐	Published	8-Jun-2000	STRING
☐	Publisher	Altium Limited	STRING
☑	Value	=R1_Value	STRING

Add... 　 Remove... 　 Edit... 　 Add as Rule...

图 2.56　修改 R_1 的值

（3）根据第（2）步的方法，分别修改 R_2、R_3、R_4、C_1、C_2、C_3、C_4 属性对话框中 Value 的值为"＝R2_Value""R3_Value"……。

（4）删除电路的接口 header$_2$、header$_3$。

（5）依次单击菜单 Place→Port(快捷方式：P，R)进入端口放置模式，此时有一个 Port 随光标一起移动如图 2.57，此时按 Tab 键打开 Port Properties 对话框，如图 2.58 所示。

（6）在 Port Properties 对话框 Name 后的文本框中输入端口的名称 L_Input，在 I/O Type 的下拉菜单中选择 Input，单击 OK 关闭对话框。

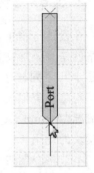

图 2.57　放置端口模式

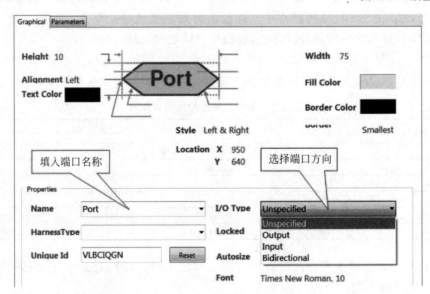

图 2.58　Port Properties 对话框

（7）将光标移动到可调电阻 R_{p1} 的左边（原图中放置名为"L_In"的网络标签处），放置正确时端口连接处光标同样会有红色的"米"字出现，表明已经正确连接上。单击放置 Port

的一端,左右(或上下)移动光标调整好 Port 的大小后再次单击,以完成 Port 的放置。

(8) 删除原有名为"L_In"的网络标签。同样步骤完成对其他 3 个 Net Label 的修改,修改完成后如图 2.59 所示。

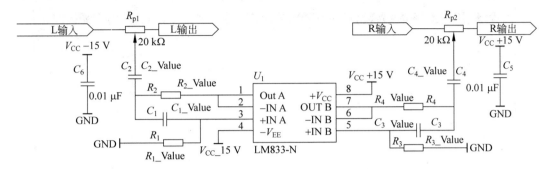

图 2.59 修改完成后的原理图

在 2.4.5 节中已经对 Net Label 做了一个简要说明,现在简单介绍一下 Port 的作用。在一个原理图 A 中放置多个 Port,当设计中更高层次的原理图 B 要调用原理 A 中的电路时,可以将原理图 A 封装为一个模块,从而在原理图 B 中可以把它当作一个"元件"使用,此时原理图 A 中的 Port 就是该"元件"的引脚。而在更一般的设计中,Port 的作用也类似于 Net Label,只是 Port 的连接关系存在于几张图纸之间的连接,而 Net Label 的连接关系存在于一张图纸的几个器件之间。

到目前已经完成了 graphic equalizer 的一个频段的设计,接下来需要新建一个原理图来多次调用前面的设计,以完成多个频段 graphic equalizer 的电路设计。步骤为:

(1) 在工程面板中右击 Equalizer. PrjPcb,在弹出菜单中依次选择 Add New to Project→Schematic 新建一个原理图文件,并另存为 Equalizer_top. SchDoc。

(2) 确认 Equalizer_top. SchDoc 处于编辑状态后,在 Equalizer_top. SchDoc 的编辑界面中右击,在弹出菜单中选择 Sheet Actions→Create Sheet Symbol From Sheet or HDL。

(3) 在弹出的 Choose Document to Place 窗口中选择 Equalizer. SChDoc,单击 OK 按钮。

(4) 此时进入 Sheet Symbol 放置模式,按 Tab 键打开 Sheet Symbol 属性窗口。

(5) 在属性窗口的 Properties 标签下的 Designator 的文本框内输入本模块的名称,本例中按图形均衡器的中心频率命名如 32_Eq(中心频率以及相关元件的取值见表 2.1)。

(6) 在 Parameters 标签窗口中单击 Add,在弹出的 Parameter Properties 窗口的 Name 文本框中输入 R1_Value;在 Value 的文本框中输入 75 kΩ,单击 OK 关闭对话框。

(7) 重复第(6)步,直至填写完成 R_1 至 R_4 和 C_1 至 C_4 的属性值修改,完成后如图 2.60 所示,单击 OK 关闭对话框。

(8) 将原理图符号(Sheet Symbol)放置在原理图中部的上方,放置完毕后可单击选中该符号,光标拖动其四个角上的小方块来改变符号的大小。

(9) 重复(2)~(8)步完成所有频段电路模块的例化,然后依次单击菜单 Project→Compile PCB Project Equalizer. PrjPcb 后,观察工程导航面板如图 2.61 所示,新建的 Equalizer_top. SchDoc 和原有的 Equalizer. SchDoc 两个原理图文件,已经由原来的并列关系变为包含关系。

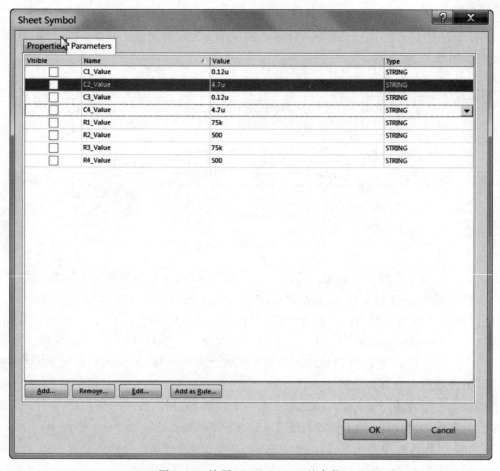

图 2.60　填写 Sheet Symbol 的参数

　　(10) 在原理图中将各个图纸符号(Sheet Symbol)当做一般器件来使用。这样就完成了对均衡器电路的复用,图 2.62 为完成所有模块复用的显示图。

图 2.61　编译 PCB 工程后的工程导航面板

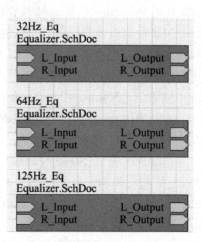

图 2.62　完成所有模块的复用(部分)

第 3 章

CHAPTER 3

印制电路板的制作工艺

印制电路板是电子产品的基本元素,在电子产品中起到重要的作用。电子产品的设计生产过程中,在完成电路板设计环节之后,便进入 PCB 的制作环节,该环节是整个设计制作过程中的关键环节。熟悉 PCB 基础知识,掌握 PCB 的制作工艺,了解生产过程是进行电子工程训练的基本要求,也是电子工程师必须具备的知识。

3.1 概 述

PCB 是指在绝缘基板上的印制元器件或印制线路及两者结合的导电图形的电子部件。PCB 一般指由覆铜板经加工完成的、没有安装电子元器件的成品,其作用是:①为各种电子元器件提供固定、装配的机械支持;②实现各种电子元器件之间的电气连接或电绝缘;③为方便元器件焊接提供阻焊,为元器件插装、检查、维修提供识别字符。

3.1.1 PCB 的分类

PCB 的种类很多,一般情况下可按印制导线分布面情况和基板机械特性划分。

1. 按印制电路的分布面划分:

(1) 单面印制板(简称单面板)。单面印制板是仅在绝缘基板的一个面上进行铜箔布线的电路板。单面板的结构简单且成本低廉,因此广泛应用于各个行业中,但是正因为其过于简单、布线的选择余地小,所以对于比较复杂的电路,设计的难度往往很大,甚至不可能实现。

(2) 双面印制板。双面 PCB 是在绝缘基板的顶层和底层两面都有进行铜箔布线的电路板。由于其两面都进行铜箔布线,因此一般需要由金属化孔将分布于两面的铜箔走线连接起来。双面板可以用于比较复杂的电路,但设计不一定比单面板困难,因此被广泛应用,是现在最常见的一种 PCB。由于双面 PCB 的布线密度较单面板高,因此在一定程度上可减少成品体积。

(3) 多层印制板。多层印制板是指具有 3 层或 3 层以上导电图形和绝缘材料层压合而成的印制板,包含了多个工作层面。它在电路板的基础上增加了内部电源层、内部接地层及多个中间布线层。当电路更加复杂,双面板已经无法实现理想的布线时,采用多层板就可以很好地解决这一困扰。随着电子技术的发展,电路的集成度越来越高,其引脚越来越多,在有限的面积上无法容纳所有的导线,多层板的应用越来越广泛。

2. 按基板机械特性划分

(1) 刚性板。刚性板是以酚醛树脂、环氧树脂、聚氟乙烯等为基材制成,具有一定的机械强度和抗弯折能力,在使用时应处于平展状态,主要在一般电子设备中使用。

(2) 柔性板。柔性板也叫挠性板,是一种使用时可以弯曲的,以软质绝缘材料(聚酰亚胺)为基材而制成的,使用粘合力强、耐折叠的粘合剂将铜箔(与普通印制板相同的铜箔)压制在基材上,其表面用涂有粘合剂的薄膜覆盖,防止电路和外界接触引起短路和绝缘性下降,同时也起到加固作用。

3.1.2　PCB 的制作方法

PCB 的制作方法主要分为物理雕刻制板和化学腐蚀制板两种。物理雕刻制板又分为机械刀具雕版与激光成型两种类型。

3.2　激光成型制板工艺

最近几年激光直接成型技术已经逐渐应用在 PCB 制作中,相比于其他工艺,激光成型具有精度高、无(少)化学废液排放、速度快等优势,因而在高校以及科研院所得到广泛应用。本节主要介绍以激光雕刻机、油墨印刷机等设备进行 PCB 的制作。

在利用激光成型工艺进行印制板制板之前,需根据 PCB 的最终设计,利用相关软件生成钻孔文件等后续需要用到的生产工艺文件。

3.2.1　导出 Gerber 文件

Gerber 格式最初由 Gerber 公司开发,是线路板行业软件描述线路板线路层、阻焊层、字符层等图像及钻、铣数据的文档格式集合,已经成为线路板行业图像转换的标准格式。Gerber 有三种格式:最新的 Gerber X2、扩展 Gerber 格式的 RS-274X 以及老式的 RS-274-D。Gerber 文档通常是由线路板设计人员使用专业的电子设计软件产生,在制作 PCB 之前使用 CAM 软件生成对应于每一道 PCB 工艺流程的数据,同时还可用于为诸如自动化光学检测设备等特定检测设备提供图像资料。

目前国内大多数工程师都习惯于将 PCB 文件设计好后直接送到 PCB 厂加工,而国际上比较流行的做法是将 PCB 文件转换为 Gerber 文件和钻孔数据文件后交 PCB 厂,为何要"多此一举"呢?因为电子工程师和 PCB 工程师对 PCB 的理解不一样,由 PCB 工厂转换出来的 Gerber 文件可能不是用户所要的,若用户将 PCB 文件转换成 Gerber 文件就可避免此类事件发生。同时还有就是为了保护自己的劳动成果不被窃取,公司的机密不被盗窃。本节接下来将一步一步描述如何导出 Gerber 文件以及后续的一些生产相关的文件。

生成 Gerber 文件的步骤为:

(1) 在 Altium Designer 使用 Edit→Origin→Set 命令将设计图的原点设置在 PCB 图边框左下角。

（2）在菜单中依次单击 File→Fabrication Outputs→Gerber Files 如图 3.1 所示。

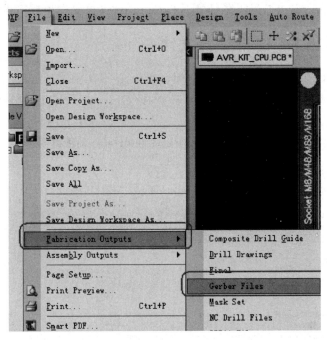

图 3.1 选择生成 Gerber 文件

（3）在弹出的 Gerber Setup 对话窗口的 General 标签页中，将单位（Units）选择为 Inches，在 Format 处选择 2∶5，如图 3.2 所示。

（4）在如图 3.3 所示 Layers 标签页中，在 Plot 列勾选的 Top Overlay、Top Paste、Top Solder、Top Layer、Bottom Layer、Bottom Solder、Bottom Paste、Bottom Overlay 以及 Keep-Out Layer。

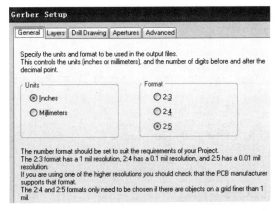

图 3.2 Gerber Setup 对话窗

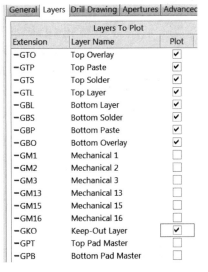

图 3.3 勾选所需的层

（5）在 Drill Drawing 标签、Apertures 标签以及 Advanced 标签中保持默认。

（6）单击 OK 后,将在工程所在目录下的 Outputs 文件夹中生成所需的 Gerber 文件。

3.2.2　导出 NC Drill 钻孔文件

生成 Gerber 文件后,还需以基本相似的方法生成 NC Drill 文件,具体步骤为:

（1）在下拉菜单中依次选择 File→Fabrication Outputs→NC Drill Files。

（2）在弹出的 NC Drill Setup 对话窗口中,选择单位和格式(和生成 Gerber 时选择的相同,如图 3.4 所示),确认勾选 Reference to relative origin,其他保持默认后单击 OK 即可。

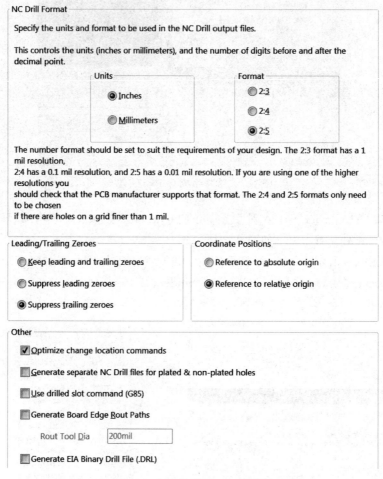

图 3.4　NC Drill Setup 对话窗

（3）再在弹出的窗口中单击 OK,在项目所在文件下面的 Outputs 文件夹中自动生成所需的 NC Drill 文件。

3.2.3　生成钻孔文件和锚定孔文件

（1）打开"数控钻铣雕上位机控制软件"(DCM)。

（2）在下拉菜单中依次选择："文件 F"→"打开 Gerber 文件"3.2.1 节所生成的任意一个 Gerber 文件（Gerber 文件通常存放在项目文件夹下的 Project Outputs for ××××文件夹中，其中××××为 PCB 项目名称）。

（3）在软件的工作区域出现当前 PCB 的图形，如图 3.5 所示为 PCB 的顶层。

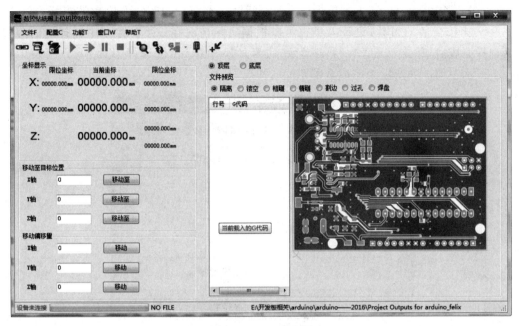

图 3.5 PCB 的顶层

（4）在下拉菜单中依次选择："配置 C"→"加工设置"，在弹出的加工配置窗口中，选择"钻孔配置"标签，如图 3.6 所示。在图中左边窗口为当前设计中使用到的孔径以及相应数量，例如：第一行 0.450 088(69)，则说明在当前设计中有 69 个孔径为 0.450 088 mm 的孔。此时要注意根据钻孔时板面朝向选择钻孔方向：是从顶层往底层钻，则选择顶层过孔；若钻孔时是从底层往顶层钻，则选择底层过孔。

图 3.6 钻孔道具选择对话窗

(5) 在图 3.6 中需要根据现有刀具实际情况,为每一个尺寸的孔匹配一个相应尺寸的钻孔刀具。在匹配刀具时应遵循如下原则:①首先要了解生产方刀具配备情况,即能加工尺寸的范围;②原则上尽量选择与孔径尺寸相同的刀具,小数点后第二位四舍五入;③若没有相同尺寸的刀具,则选择比设计孔径小一个规格(即 0.1 mm)的刀具。

(6) 在"当前文件孔径"下方单击选择一个尺寸。在窗口中间的下拉菜单处通常会自动选择一个比较合适的刀具,设计人员也可以根据实际情况在该下拉菜单中选择别的刀具;刀具选择完成后,单击按钮"≫"将匹配好的刀具尺寸移到"已选好刀具"下方列表中,如图 3.7 所示。图 3.8 所示为完成全部匹配的情况。

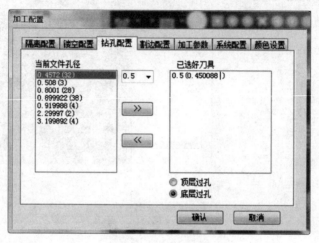

图 3.7　选择刀具

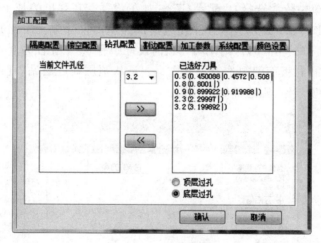

图 3.8　完成刀具匹配

(7) 钻孔刀具全部选择完成后,依次在软件下拉菜单中选择"功能 T"→"生成 G 代码"→"过孔"命令。

(8) 依次在软件下拉菜单中选择"功能 T"→"生成 G 代码"→"锚定点"→"两孔文件"。

(9) 至此完成了钻孔与锚定点文件的生成,所生成的文件通常存放在项目文件夹下的:Project Outputs for ××××\××××输出文件\加工文件\文件夹中。

注①：其中××××为项目名称。

注②：根据激光雕刻机的要求,锚定点需要使用 $\phi 1.5$ 的钻头进行钻孔。

3.2.4　金属化过孔

金属化过孔也称过孔(Via)。通常使用在双面板和多层板中,用作连通各层之间的印制导线,在各层需要连通导线的交汇处钻上一个公共孔,即过孔。简单的金属化过孔的流程为:预浸→活化→微蚀→电镀。所用设备是金属化过孔机。

(1)预浸:预浸的目的是清除孔内的油污、油脂、毛刺以及在钻孔和抛光过程中产生的铜粉,调整孔内电荷以便于后续步骤中碳颗粒的吸附,其作用的示意图如图 3.9 所示。预浸工艺的工作温度为 $62 \sim 64℃$;工作时间为 $3 \sim 5\ min$。

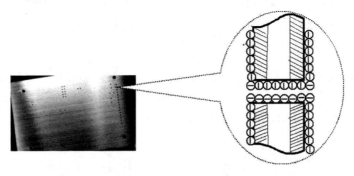

图 3.9　预浸作用示意图

注意:预浸完毕后,需水洗、烘干。

(2)活化:活化的目的是在室温下,采用超声波振荡的方式,让覆铜板的孔壁吸附一层直径为 $10\ nm$ 的碳颗粒。工作时间为 $2\ min$,其作用示意图如图 3.10 所示。

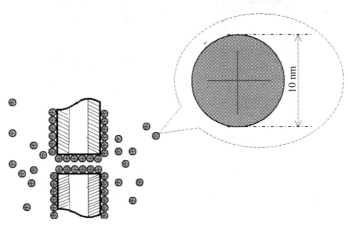

图 3.10　活化过程示意图

注意:活化后,需通孔并在 $100℃$ 温度下进行 $5\ min$ 的热固化。

(3)微蚀:微蚀的目的是去除掉表面铜箔上吸附的碳颗粒,而保留孔壁上的碳颗粒。其基本原理就是选择只与铜反应的化学液体,将表面的铜箔轻微的腐蚀掉一层,使得吸附在铜箔上的碳颗粒松落去除,如图 3.11 所示。工作温度为室温,工作时间为 $2\ min$。

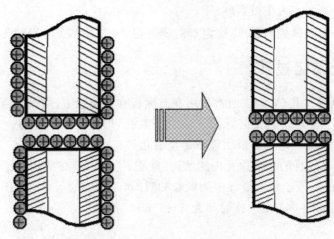

图 3.11　微蚀工艺示意图

注意：微蚀后，需水洗。

（4）电镀：电镀的目的是在孔壁上形成一层铜箔，在完成前期步骤后孔壁上已吸附了一层碳颗粒，通过电镀作用在碳层上镀上铜，如图 3.12 所示。从而达到多层板双面过孔导通。工作温度为室温，工作时间为 20～30 min（最佳 30 min），电流要求 150～200 A/m^2。

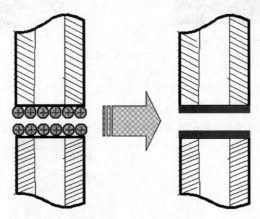

图 3.12　电镀过程示意

3.2.5　线路激光雕刻操作步骤

本环节使用 3.2.1 节生成的 Gerber 文件，按照以下操作步骤进行 PCB 线路层的加工。

（1）在上位机中打开激光雕刻机控制软件，并依次在下拉菜单中选择"文件 F"→"打开 Gerber 文件"，打开任意一个设计生成的 Gerber 文件。

（2）在软件下拉菜单中依次选择"窗口 W"→"视频接口"，在弹出窗口中单击"开始"按钮，启动视频预览功能。

（3）将已经完成所有钻孔和金属化过孔的覆铜板，平放至激光雕刻机工作平台，在软件上单击模拟手柄▉，在弹出窗口中勾选"真空吸附"、"中心红光"。

（4）使用模拟手柄中的方向键，将中心红光移动到锚定点 A 上，如图 3.13 所示。（锚定点 A 为下方的锚定点，锚定点 B 为上方的锚定点，反面也是如此）

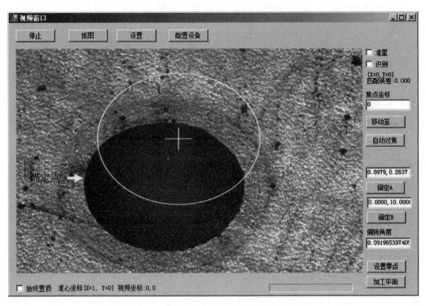

图 3.13　将中心红光移动到锚定点

（5）单击虚拟手柄的摄像头中心按钮，将摄像头移动到中心红光对准的锚定点，如图 3.14 所示。

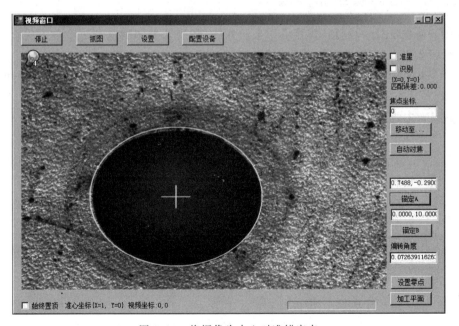

图 3.14　将摄像头中心对准锚定点

（6）对准锚定点 A 后，单击按钮"锚定 A"，进行锚定点 A 的识别。

（7）重复步骤 4 到 6，完成锚定点 B 的对准与识别。

（8）当锚定点 A 与 B 都识别完成后，偏转角度窗口会自动显示当前覆铜板的偏转角度，单击"设置零点"。至此在激光雕刻加工完成之前都不能再移动覆铜板。

（9）回到软件主界面，单击生成加工文件按钮，如图 3.15 所示。

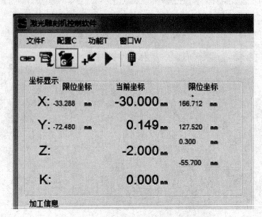

图 3.15　单击生成加工文件

（10）单击加工按钮▶，启动文件加工。

（11）顶层文件加工完成后，将覆铜板上下翻面，选择低层（加工底层图形）加工方式与顶层一致。

至此完成 PCB 线路层的制作。

3.2.6　阻焊层制作步骤

本环节是在 PCB 有线路、焊盘的层上制作的，利用油墨印刷机均匀涂布一层阻焊油墨，然后再利用激光雕刻机来去除焊盘区域的阻焊油墨。制作的步骤如下：

（1）检查油墨印刷机工作台面上是否有污点，如果有则用油墨清洗液清洗干净。检查刮刀、回墨刀是否清洗干净。

（2）用固定螺杆将丝网框固定在丝网框夹具上。

（3）将打好销钉孔的 PCB 固定在工作平台上的 PCB L 形支撑架上，调节 PCB L 形支撑架位置，使销钉套入 PCB 上的销钉孔内，再紧固 PCB L 形支撑架固定螺丝。

（4）打开空压机气阀开关，调节气压使气源压力保持在 0.5～0.8 MPa 之间。

（5）将搅拌均匀，粘稠度适中的油墨，倾倒到丝网框的左侧。

注①：位置判断：左侧位置为启动刮墨时，刮刀的下落位置。

注②：粘度适中：用搅拌工具蘸一些油墨，油墨拉成细丝，并且在不断往下流的过程中，细丝状的油墨不断。

（6）设置刮印次数，一般 1 次即可，若油墨粘稠度比较高，可以设置刮印 2～3 次，按"运行"按钮启动油墨印刷程序后，可以看到：首先是平台自动进入工作位，丝网框、刀具自动下降，刀具移动到起始位置，刮刀落下压住丝网后匀速右移，将油墨均匀地印刷到了 PCB 上，到达预定位置后抬起刮刀；回墨刀落下，将丝网上的油墨均匀地从右至左覆盖在 PCB 上，到达预定位置后回墨刀抬刀，然后丝网框和刀具一起抬升，平台左移，进入曝光位，曝光灯自动启动开始固化油墨，待油墨固化后回 PCB 移动到初始位，曝光灯自动熄灭，完成油墨的刮印。

（7）将固化油墨的 PCB 放到激光雕刻机中,利用 3.2.5 相似步骤将焊盘处的油墨去除即完成阻焊层的制作。

3.2.7　字符层制作步骤

字符层不参与电路实际工作,仅为装配和调试提供器件信息,同时清晰、整齐的字符排列不仅能够为装配调试提供便捷,也能够提升 PCB 成品的外观。

本环节的制作步骤为：

（1）在字符喷印机的上位机中打开全自动字符喷印机控制软件。

（2）依次在下拉菜单中选择“文件 F”→“打开 Gerber 文件”,打开设计生成的任意一个 Gerber 文件。

（3）在控制软件下方列出了可以选择图层信息如图 3.16 所示,按照实际所需在工具栏下部有打印层面选择“顶层字符”或“底层字符”。

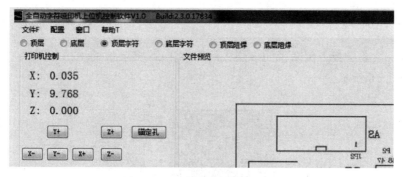

图 3.16　字符喷印机控制软件

（4）将打好定位孔的 PCB 放置在设备工作台面上,再单击按钮“吸附开”,打开设备真空吸附,将 PCB 固定到工作台面上。

（5）依次在下拉菜单中选择“窗口”→“视频窗口”,在打开的视频窗口中,勾选“准星”并单击“开始”按钮。

（6）利用 X＋、X－、Y＋、Y－ 按钮,将准星移动到锚定点中心,并单击“锚定 A”,完成锚定点 A 的识别。

（7）再次重复步骤完成锚定点 B 的识别。

（8）确认勾选“使能边 Y 白边”,选择“UV 油墨打印”,单击“启动”按钮,进行字符打印。

3.3　多层板制作工艺

由于科技的迅速发展,大部分的电子产品都开始向多层化的方向发展。传统的单、双面板已经不能满足设计和使用的要求。多层板的制作在整个 PCB 制作中已经占主导地位。为了适应市场的要求,大多数 PCB 厂家都在提升自己的内层技术能力。

3.3.1 概述

为了增加可以布线的面积，多层板上用了更多单面或双面的布线板。即用一块双面做内层、两块单面作外层或两块双面做内层、两块单面做外层的印制电路板，通过定位系统及绝缘粘结材料交替在一起，且导电图形按设计要求进行利用过孔、半盲孔或盲孔进行互连的印制电路板就成为4层、6层印制电路板了，也称为多层印制线路板。随着电子技术向高速、多功能、大容量和便携低耗方向发展，多层数PCB的应用越来越广泛，其层数及板上器件的密度也越来越高，对应的结构也日趋复杂。多层板的制作如今已成为整个PCB行业的最主要的组成部分。与之相关的有两个概念：

（1）芯板（core）：是一种硬质的、有特定厚度的、两面覆铜的板材，是构成印制电路板的基础材料。

（2）半固化片（prepreg）：是多层板制作不可缺少的材料，芯板与芯板之间的粘合剂，同时起到绝缘的作用。

3.3.2 流程

下面以一个8层板为例来说明多层板的制作流程，多层板的结构如图3.17所示。其工艺流程如图3.18所示。

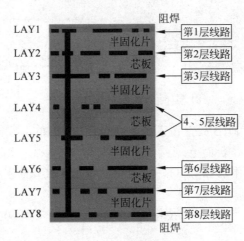

图3.17 多层板结构图

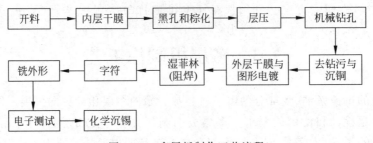

图3.18 多层板制作工艺流程

1. 开料

开料(cut)是把原始的覆铜板切割成能在生产线上制作的板子的过程。

unit 是指客户设计的单元图形。

set 是指客户为了提高效率、方便生产等原因,将多个 unit 拼在一起成为一个整体图形。它包括单元图形、工艺边等。

panel 是 PCB 厂家生产时,为了提高效率、方便生产,将多个 set 拼在一起并加上工具板边,组成的一块板子。

2. 内层干膜

内层干膜(inner dry film)是将内层线路图形转移到 PCB 上的过程。在 PCB 制作过程中,会提到图形转移这个概念,因为导电图形的制作是 PCB 制作的根本,所以图形转移过程对 PCB 制作来说,有非常重要的意义。

内层干膜包括内层贴膜、曝光显影、内层蚀刻等多道工序。内层贴膜就是在铜板表面贴上一层特殊的感光膜。这种膜遇光会固化,在板子上形成一道保护膜。曝光显影是将贴好膜的板进行曝光,透光的部分被固化,没透光的部分还是干膜。然后经过显影,褪掉没固化的干膜,将贴有固化保护膜的板进行刻蚀。再经过褪膜处理,这时内层的线路图形就被转移到板子上了。

对于设计人员来说,最主要考虑的是布线的最小线宽、间距的控制及布线的均匀性。因为间距过小会造成夹膜,膜无法褪尽造成短路。线宽太小,膜的附着力不足,造成线路开路。所以电路设计时的安全间距(包括线与线、线与焊盘、焊盘与焊盘、线与铜面等),都必须考虑生产时的安全间距。

3. 黑化和棕化

黑化和棕化(black oxidation)的目的是:

(1) 去除表面的油污,杂质等污染物;

(2) 增大铜箔表面的粗化度,从而增大与树脂接触面积,有利于树脂充分扩散,形成较大的结合力;

(3) 使非极性的铜表面变成带极性的 CuO 和 Cu_2O 的表面,增加铜箔与树脂间的极性键结合;

(4) 经氧化的表面在高温下不受湿气的影响,减少铜箔与树脂分层的概率。

内层线路做好的板子必须经过黑化和棕化后才能进行层压。它是对内层板子的线路铜表面进行氧化处理。一般生成的 Cu_2O 为棕红色、CuO 为黑色。所以,氧化层中 Cu_2O 为主的称为棕化,CuO 为主的称为黑化。

4. 层压

层压(pressing)是借助于 B 阶半固化片把各层线路粘结成整体的过程。这种粘结是通过界面上大分子之间的相互扩散、渗透,进而产生相互交织而实现。层压的目的是将离散的多层板与粘结片一起压制成所需要的层数和厚度的多层板。

对于设计人员来说，层压首先需要考虑的是对称。因为板子在层压的过程中会受到压力和温度的影响，在层压完成后板子内还会有应力存在。因此如果层压的板子两面不均匀，那两面的应力就不一样，造成板子向一面弯曲，大大影响 PCB 的性能。

另外，在同一平面，如果布铜不均匀，会造成树脂流动速度不一样，这样布铜少的地方就会稍薄一些，而布铜多的地方就会稍厚一些。

为了避免这些问题，在设计时对不同的均匀性、层叠的对称性、盲埋孔的设计布置等各方面的因素都必须进行详细考虑。

5. 机械钻孔

机械钻孔就是利用钻刀高速切割，在 PCB 上形成上下贯通的穿孔。目前来说，对于成品孔径在 8 mil 及以上的孔，一般都可以采用机械钻孔的形式来加工。

6. 去钻污与沉铜

去钻污与沉铜的目的是将贯通孔金属化，其流程分为 3 个部分：一是去钻污流程；二是化学沉铜流程；三是加厚铜流程（全板电镀铜）。孔的金属化涉及厚径比的概念。厚径比是指板厚与孔径的比值。当板子不断变厚，而孔径不断减小时，化学药水越来越难进入钻孔的深处，虽然电镀设备利用振动、加压等等方法让药水得以进入钻孔中心，但浓度差造成的中心镀层偏薄仍然无法避免。这时会出现钻孔层微开路现象，当电压加大、板子在各种恶劣情况下受冲击时，缺陷完全暴露，造成板子的线路断路，无法完成指定的工作。

所以，设计人员需要及时地了解制板厂家的工艺能力，否则设计出来的 PCB 就很难在生产上实现。需要注意的是，厚径比这个参数不仅需在通孔设计时考虑，在盲埋孔设计时也需要考虑。

7. 外层干膜与图形电镀（dry film & pattern plating）

外层图形转移与内层图形转移的原理差不多，都是运用感光的干膜和拍照的方法将线路图形印到板子上。外层干膜与内层干膜不同在于。

（1）如果采用减成法，那么外层干膜与内层干膜相同，采用负片做板。板子上被固化的干膜部分为线路。去掉没固化的膜，经过酸性蚀刻后褪膜，线路图形因为被膜保护而留在板上。

（2）如果采用正成法，那么外层干膜采用正片做板。板子上被固化的部分为非线路区（基材区）。去掉没固化的膜后进行图形电镀。有膜处无法电镀，而无膜处，先镀上铜，后镀上锡。褪膜后进行碱性蚀刻，最后再褪锡。线路图形因为被锡保护而留在板上。

8. 湿菲林（阻焊或 wet film solder mask）

阻焊工艺是在板子的表面增加一层阻焊层。这层阻焊层称为阻焊剂（solder mask）或称阻焊油墨，俗称绿油。主要起防止导体线路等不应有的上锡，防止线路之间因潮气、化学品等原因引起的短路，生产和装配过程中不良操作造成的断路、绝缘并抵抗各种恶劣环境，保证印制板的功能等。

目前 PCB 厂家使用的这层绿油基本上都采用液态感光油墨，其制作原理与线路图形转移有部分的相似。它同样是利用菲林遮挡曝光,将阻焊图形转移到 PCB 表面。其具体流程为前处理、涂覆、预烘、曝光、显影、UV 固化、热固化。

与此工序相关联的是 soldermask 文件,其涉及的工艺包含了阻焊对位精度、绿油桥的大小、过孔的制作方式、阻焊的厚度等参数。同时阻焊油墨的质量还会对后期的表面处理、SMT 贴装、保存及使用寿命带来很大的影响。加上其整个工序制作时间长、制作方式多,所以是 PCB 生产的一个重要工序。

9. 字符

由于字符(C/M printing)精度要求比线路和阻焊要低,目前 PCB 上的字符基本采用了丝网印刷的方式。工序先按照字符菲林制作出印版用的网,然后再利用网将字符油墨印到板上,最后将油墨烘干。

10. 铣外形(profiling)

到目前为止,制作的 PCB 一直都属于 panel 形式,即一块大板。现在因为整个板子的制作已经完成,需要将交货图纸按照(unit 交货或 set 交货)从大板上分离下来。这时将利用数控机床按照事先编好的程序,进行加工。外形边、条形铣槽,都将在这一步完成。如有V-cut,还需增加 V-cut 工艺。在此工序涉及的能力参数有外形公差、倒角尺寸和内角尺寸。设计时还需考虑图形到板边的安全距离等。

11. 电子测试

电子测试(e-test)即 PCB 的电气性能测试,通常又称为 PCB 的"通""断"测试。在 PCB 厂家使用的电气测试方式中,最常用的是针床测试和飞针测试两种。

针床分为通用网络针床和专用针床两类。通常针床可以用于测量不同网络结构的PCB,但是其设备价钱相对较为昂贵。而专用针床是采用为某款 PCB 专门制定的针床,它仅适用于相应的该款 PCB。

飞针测试使用的是飞针测试机,它通过两面的移动探针(多对)分别测试每个网络的导通情况。由于探针可以自由移动,所以飞针测试也属于通用类测试。

12. 化学沉锡

化学镀锡(immersion tin),也称为沉锡。化学镀锡工艺是用化学沉积的方式将锡沉积到 PCB 表面。其锡厚为 $0.8 \sim 1.2 \, \mu m$,呈灰白色到亮色,能很好地保证 PCB 板面的平整度及连接盘的共面性。由于化学镀锡层是焊料的主要成分,所以化学镀锡层不仅是连接盘的保护镀层,也是直接焊层。由于其不含铅,符合当前的环保要求,所以也是无铅焊接中主要的一种表面处理方式。现在的化学镀锡液中加入了新型的添加剂,反应方程式也得以完全改变,使锡层的树枝状结构结晶变成了颗粒状结晶,已经避免了锡丝的树枝状生长的隐患问题,同时也减少了铜锡合金生成方面的问题。

如今的化学镀锡层能够通过湿润性和 5 次再流焊的可焊性实验并表现良好的可焊性。目前的新问题是沉锡药水对阻焊油墨的冲击较大,容易造成阻焊剥离。但很多阻焊油墨供应商已经在加紧改善自己的油墨,沉锡药水也在不断改良,可以逐渐满足工艺要求。

第4章

电路装配工艺

电子产品装配技术是现代发展最快的制造技术之一,从安装工艺特点可将安装技术的发展分为两个阶段。较早的阶段是长引线元器件穿过印制电路板上通孔的安装方式,一般称为通孔安装技术(through hole technology,THT)。较晚出现的安装技术从元器件的封装形式到安装方式都发生了根本性变革,导致了 PCB 设计到制造都以全新面貌出现。这一安装技术的出现使电子产品体积缩小,重量变轻,功能增强,可靠性得以提高。毫不夸张地说,它的出现,推动了信息产业高速发展。这种安装方式就是表面安装技术(surface mounting technology,SMT)。

4.1 装配工艺简介

通孔安装技术的特点是元器件与焊点是在电路板的两个面;表面安装技术的特点是元器件和焊点是在电路板的同一面。表 4.1 是 THT 与 SMT 的区别,图 4.1 是 THT 和 SMT 的安装尺寸的比较示意图。

表 4.1 THT 和 SMT 的区别

技术名称	年代	技术缩写	代表元器件	安装基板	安装方法	焊接技术
通孔安装技术	20 世纪 60~70 年代	THT	晶体管,轴向引线元件	单、双面 PCB	手动插装	手工焊,浸焊
	20 世纪 70~80 年代		单、双列直插 IC,轴向引线元器件编带	单面及多层 PCB	手工/半自动插装	波峰焊,浸焊,手工焊
表面安装技术	20 世纪 80 年代开始	SMT	SMC、SMD 片式封装 VSI、VLSI	高质量 SMB	自动贴片机	波峰焊,再流焊

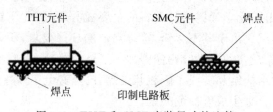

图 4.1 THT 和 SMT 安装尺寸的比较

4.2　手工焊接工具与焊接材料

手工焊接是传统的焊接方法,虽然批量电子产品生产已较少采用手工焊接,但在电子产品的调试、维修的过程中不可避免地还会用到手工焊接,焊接质量的好坏也直接影响到最终效果。因此,手工焊接是电子工程师一项必备的技能,同时也是一项实践性很强的技能,在了解一般方法后,要多练、多实践,才能进一步提高焊接水平。

4.2.1　焊接工具

电烙铁是焊接的基本工具,它的作用是把电能转换成热能,用以加热工件、融化焊锡,使元器件和焊盘、导线牢固地连接在一起。按其加热的方式,可以分为外热式、内热式和恒温式三种。

(1) 外热式电烙铁。外热式电烙铁的结构如图 4.2 所示,其发热元件(指烙铁芯)在传热体的外部,优点是经久耐用、使用寿命长,长时间工作时温度平稳,焊接时不易烫坏元器件,但其体积较大、升温慢。外热式电烙铁常用的规格有 25 W、45 W、75 W、100 W、200 W 等。

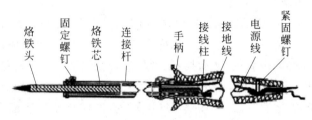

图 4.2　外热式电烙铁结构图

(2) 内热式电烙铁。内热式电烙铁的内部结构如图 4.3 所示。烙铁芯安装在烙铁头里面,故称之为内热式。烙铁的发热芯是采用镍铬合金电阻丝绕在瓷管上制成的。由于它的发热芯在烙铁头内部,所以发热快,热量利用率高达 85%～90% 以上。目前,在用的 35 W 内热式电烙铁具有体积小、重量轻、升温快、耗电少和热效率高等优点。缺点是在焊接印制导线细的印制电路板时,容易损坏印制导线,且烙铁头在使用过程中需要保养。

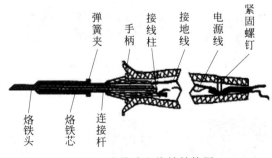

图 4.3　内热式电烙铁结构图

(3) 恒温电烙铁。恒温电烙铁主要由烙铁头、加热器、温控元件、永久磁铁、加热器控制开关、强力加热器、控制加热器的开关组成,其外形如图 4.4 所示。其恒温原理是在烙铁头上装一个强磁性体传感器,用以吸附磁动的触点,闭合加热器控制开关,烙铁便处在迅速的加热状态。当烙铁头的温度上升到控制温度时,永外磁铁因强磁性体传感器到达居里点而磁性消灭,从而使磁芯控制开关的触点断开,此时,便停止向烙铁供电加热,如此不断循环,达到控制烙铁温度的目的。如果需要控制不同温度时,只需要更换烙铁头就行了,因不同温度的烙铁头,装有不同成分的强磁体传感

图 4.4　恒温电烙铁

器,其居里点不同、失磁温度各异,以此控制所需的温度。烙铁头的工作温度范围可以在260～450℃任意选定。

注意:在实验室使用内热式电烙铁时有以下几点注意事项:

(1)通电前,必须测量两个电阻。一个是插头与金属外壳间阻值,应为无穷大。另一个是插头两端电阻,实际每个电烙铁的阻值可根据功耗计算出来,例如 35 W 内热式电烙铁的阻值应为:$R = U^2/W = 220 \times 220/35 \approx 1.4 \text{ k}\Omega$。如有异常,必须排除后才可通电,否则将导致电烙铁瓷芯爆裂、熔断器熔断等问题。

(2)使用新烙铁(或换新烙铁头)时,先将烙铁头上的氧化物用锉刀锉去,接通电源后,估计到达焊锡溶化的温度时,在平滑的使用面上均匀涂以焊锡,如果烙铁头的温度过高,则烙铁头新挫出的面将被迅速氧化,从而挂不上锡,故要在温度不太高时涂锡。

(3)烙铁头使用一段时间后,由于焊锡的扩散侵蚀及高温氧化,加上助焊剂中所含的腐蚀性物质使烙铁头产生化学腐蚀,导致铜不断被消耗,造成烙铁头表面变得凹凸不平,遇到此情况要对烙铁头整形,可用砂纸和锉刀将其凹凸修成平滑后,按新烙铁头处理方法挂锡后再使用。

(4)电烙铁在使用过程中,防止敲打,置于烙铁架时,电源线应理顺。

4.2.2　其他焊接辅助工具

在手工焊接的过程中,除了电烙铁外,还会用到一些辅助性工具,如图4.5所示。

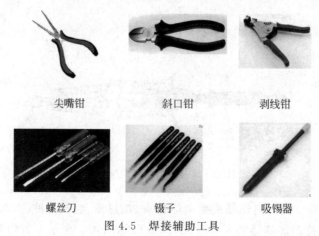

尖嘴钳　　　　　斜口钳　　　　　剥线钳

螺丝刀　　　　　镊子　　　　　吸锡器

图 4.5　焊接辅助工具

（1）尖嘴钳：其头部尖细,适用于夹小型金属零件和将元件引脚进行弯折。尖嘴钳有铁柄和绝缘柄两种,绝缘柄的工作电压为 500 V,其规格以全长表示,常见的有 130、160、180 和 200 mm 四种。

（2）斜口钳：用于剪断导线或其他较小金属、塑料等物件。

（3）剥线钳：用于剥去导线的绝缘层,它由钳头和手柄组成,手柄的绝缘工作电压为 500 V,其规格以全长表示,有 140 mm 和 180 mm 两种,钳头有直径为 0.5～3 mm 的多个切口,使用时,选择的切口直径必须稍大于线芯直径,以免切伤芯线。

（4）螺丝刀：分为"一"字形和"十"字形两种,专用于拧紧螺钉,使用时用力不宜过猛,以免螺钉滑口。

（5）镊子：用于夹持导线和小的元器件,尤其贴片元件。

（6）吸锡器：用于电子元件的拆卸,在一定程度上能保证印制板和元器件在拆卸过程中不被损坏。吸锡器在使用时,把活塞按下至活塞被自动卡住,用烙铁加热需要拆卸的焊点使焊锡溶化,把吸锡器接近溶化的焊锡,按下活塞释放按钮,活塞由于弹簧作用迅速上升,在吸锡枪内部形成负压,从而把溶化为液态的焊锡抽入吸锡器内。多次使用后需要清除内部积存的焊锡,保证下次抽吸通畅。

4.2.3 焊接材料

焊接材料包括焊料（焊锡）和焊剂（助焊剂）,其品质的好坏以及所占比例的不同,对焊接质量有决定性的影响。

1. 焊料（焊锡）

焊料的有效成分是低熔点的易熔金属,熔点应远低于被焊金属。焊料溶化时,在被焊接的金属表面形成合金而与被焊金属连接到一起,目前主要使用锡与铅熔合成合金,也称焊锡。该合金具有一系列锡与铅不具备的优点：

（1）熔点低,有利于焊接。锡的熔点在 232℃,铅的熔点在 327℃,但是两者可以形成熔点很低的合金。

（2）机械强度高,锡和铅都是质软、强度小的金属,而两者的合金机械强度就比单独一种强了很多。

（3）表面张力小,黏度下降,增大了液态流动性,利于焊接时形成可靠连接。

（4）抗氧化性好,铅的抗氧化性减少了焊料在溶化时的氧化量。

表 4.2 列出几种常用低温焊锡的成分以及含量。

表 4.2 常用焊锡组成

序号	Sn/%	Pb/%	Bi/%	Cd/%	熔点/℃
1	40	20	40		110
2	40	23	37		125
3	32	50		18	145
4	42	35	23		150

手工烙铁焊接常用管状焊锡丝,它是将焊锡制成管状而内部充加助焊剂,常用的焊锡中通常是以优质松香中加入活性剂作为助焊剂,以提高焊锡的性能。焊料成分一般是含锡量60%～65%的锡铅合金。焊锡丝直径有 0.5、0.8、0.9、1.0、1.2、1.5、2.0、2.3、2.5、3.0、4.0、5.0 mm 等。

2.焊剂(助焊剂)

助焊剂是用于清除氧化膜,保证焊锡浸润良好的一种化学剂。

1) 助焊剂的作用

助焊剂的主要作用是去除焊接面金属表面的氧化膜。其实质是助焊剂中的氯化物、酸类同氧化物发生还原反应而除去氧化膜。反应后的生成物变成悬浮的渣,漂浮在焊料表面。液态的焊锡及加热的焊件金属都容易与空气中的氧接触而氧化。助焊剂在熔化后,漂浮在焊料表面形成隔离层,防止焊接面的氧化。同时助焊剂还有减小焊液表面张力,增加焊锡的流动性,增加焊锡浸润能力的作用。此外,助焊剂具备控制含锡量,调整焊点形状,保持焊点表面光泽的功能。

2) 对于助焊剂的要求

助焊剂的熔点要低于焊锡,加热过程中稳定性好,浸润金属表面能力强,并有较强的破坏金属表面氧化膜的能力。它的各组成成分不与焊料或金属反应,不易吸湿且易于清洗去除。常见助焊剂的分类如表 4.3 所示。

表 4.3　助焊剂的分类

分　　类		助　焊　剂	腐　蚀　性
无机类	酸	盐酸、正磷酸、氟酸	有
	盐	氯化锌、氯化铵、氯化亚锡	有
有机类	酸	硬脂酸、油酸、乳酸、邻苯二甲酸	有
	卤素	盐酸苯胺、盐酸谷胺	有
	胺	尿素、乙二胺	无
	松脂	活化松脂	基本没有

在本节中主要说明一下常见助焊剂——松脂,其主要成分是松香酸和松香脂酸酐。在常温中松脂呈中性,几乎没有任何化学活力,而当加热到熔化时,松脂呈现出酸性并可与金属氧化膜发生化学反应。松脂受热融化后浮在液态焊锡表面,能隔绝空气不让焊锡表面被氧化,同时降低液态焊锡表面张力,增加液态焊锡的流动性。焊接完成恢复常温后,松香又变成稳定的固体,无腐蚀性且绝缘性强。

应该注意,松香反复加热后会被炭化而失去原有效果,炭化发黑的松香是起不到助焊剂作用的。作为松香的替代品出现的氢化松香,由松脂中提炼而成,其特点是在常温下性能比普通松香稳定,加热后酸性高于普通松香,具有更强的助焊作用。

4.3　手工焊接技术

手工焊接是焊接技术的基础,是电子产品装配中的一项基本操作技能。手工焊接适用于小批量电子产品的生产、具有特殊要求的高可靠产品焊接、某些不便于机器焊接的场所以及调试和维修中的修复焊点和更换元器件等。

锡焊是使用锡铅合金焊料进行焊接的一种焊接形式。其过程分为下列 3 个阶段：润湿阶段、扩散阶段、焊点形成阶段。

锡焊的基本条件：①被焊金属应具有良好的可焊性；②被焊件应保持清洁；③选择合适的焊料；④选择合适的焊剂；⑤保证合适的焊接温度和时间。

手工焊接的要点是：①保证正确的焊接姿势；②熟练掌握焊接的基本操作步骤；③掌握手工焊接的基本要领。

4.3.1　握持方法

1. 焊锡丝的拿法

如图 4.6 所示,焊锡丝有两种拿法。连续焊接的时候,用左手的拇指、食指和中指夹住焊锡丝,另外两个手指配合,就能把焊锡丝连续向前送进。断续焊接的时候,只用拇指和食指拿住焊丝送锡。

图 4.6　焊锡的握法

2. 电烙铁的握法

如图 4.7 所示,从左至右分别是反握法、正握法、笔握法。

图 4.7　电烙铁的握法

（1）反握法：此种方法焊接动作平稳,长时间操作不易疲劳,适用于大功率电烙铁、焊接散热量较大的被焊件或组装流水线。

（2）正握法：适用于中功率电烙铁及带弯头电烙铁的操作,或直烙铁头在大型机架上的焊接。

（3）笔握法：用于小功率电烙铁焊接散热量小的被焊件,利于长时间的焊接操作。

4.3.2　焊接前的焊件准备

1. 元器件引线弯曲成形

为使元器件在印制电路板上排列整齐便于焊接,在安装前通常使用尖嘴钳、镊子等工具把元器件引脚弯折成一定的形状以配合元器件封装。元器件在印制电路板上的安装方式有 3 种：立式安装、卧式安装和表面安装。

立式安装和卧式安装无论采用哪种方法，都应该按照元器件在印制电路板上孔位的尺寸要求，使其弯曲成形后引脚能够方便地插入孔内。引脚弯曲处距离元器件实体至少在2 mm以上，绝对不能从引线的根部开始弯折。常见器件的整形要求如图4.8所示。

图4.8　元器件整形装配

2．多股导线的准备

在电子产品装配中，经常用多股导线进行连接，多股导线接头如果处理不当就会出现连接故障。对多股导线焊接，要求按以下步骤操作。

（1）剥导线绝缘层：注意不要损伤内部导线，影响导线连接强度。

（2）绞合多股导线的接头：不能有线头，否则在镀锡时会散乱，焊接后造成短路等电气故障。

（3）接头镀锡：要从齐绝缘皮处往线头方向拉锡，烙铁拉锡的速度要快，防止热量从导线传导至绝缘皮处烫伤绝缘皮，如不进行接头镀锡处理会导致多股导线芯线散开如图4.9(h)所示，从而影响连接强度。

（4）焊接导线：要从齐绝缘皮处焊接，时间掌握在2 s以内，否则会烫坏绝缘皮，露出未上锡导线，影响连接强度。

导线焊接常见错误如图4.9所示。

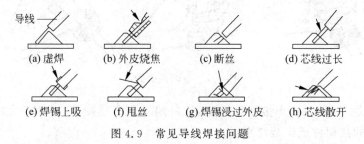

图4.9　常见导线焊接问题

4.3.3　焊接5步法

焊接5步法是常用的基本焊接方法，适合于焊接热容量大的元器件。焊接步骤如图4.10所示。

（1）右手拿电烙铁，左手拿焊锡丝，将烙铁和焊锡丝靠近被焊点。

（2）烙铁头与PCB成45°角，烙铁头顶住焊盘和元器件引脚，使元器件引脚和焊盘同时受热。

（3）焊锡丝从元件引脚和电烙铁接触面处引入，并靠在元件引脚与烙铁头之间。

（4）掌握进锡速度，当焊锡丝熔化并铺满整个焊盘时，以45°角方向撤离焊锡丝。

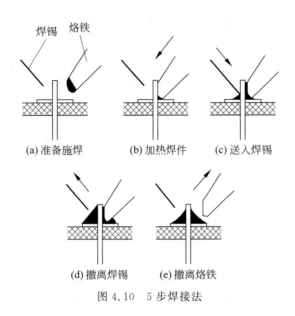

图 4.10　5 步焊接法

（5）焊锡丝拿开后，烙铁继续放在焊盘上持续 1～2 s，当焊锡只有轻微烟雾冒出时，即可拿开烙铁。拿开烙铁时，不要过于迅速或用力往上挑，以免溅落锡珠、锡点或使焊锡点拉尖等。还要注意被焊元器件在焊锡凝固之前不要移动或受到振动，否则极易造成焊点结构疏松、虚焊等现象。

4.3.4　焊接 3 步法

对于焊点小或热容量小的焊件，可简化为 3 步法操作，焊接步骤如图 4.11 所示。

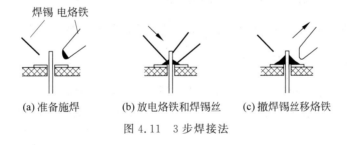

图 4.11　3 步焊接法

（1）右手拿电烙铁，左手拿焊锡丝，将烙铁和焊锡丝靠近被焊点。

（2）同时放上电烙铁和焊锡丝，熔化适量的焊锡。

（3）当焊锡熔化并铺满整个焊盘后，拿开焊锡丝和电烙铁。这时注意拿开焊锡丝的时机不得晚于电烙铁的撤离时间。

4.3.5　焊接注意事项

（1）焊剂加热挥发出的化学物质是对人体有害的，一般烙铁到鼻子的距离不得少于 20 cm，通常以 30 cm 为宜。

（2）在使用电烙铁的过程中，不要烫破桌面上的各种仪器以及电烙铁的电源线，否则容易引起人体触电或者是电源短路。应随时检查电烙铁的插头、电源线,发现破损或老化时要及时更换。

(3) 在使用电烙铁的过程中,一定要轻拿轻放,应拿烙铁的手柄部位并且拿稳。不焊接时,要将烙铁放到烙铁架上,以免烫伤自己或他人;长时间不用应切断电源,防止烙铁头氧化;不能用电烙铁敲击被焊工件;烙铁头上多余的焊锡,不要随便抛甩,以防落下的焊锡飞溅,烫伤他人或造成电路板短路。

(4) 经常用湿布或浸水的海绵擦拭烙铁头,以保持烙铁头良好地挂锡,并可防止残留助焊剂对烙铁头的腐蚀。

(5) 焊接完毕后,烙铁头上的残留焊锡应继续保留,以免再次加热时氧化。

(6) 由于焊锡丝成分中含有铅类重金属,避免食入。

4.3.6　拆焊方法

在调试、维修电子设备的工作中,经常需要更换一些元器件。在拆焊旧元件时,如果拆焊的方法不当,就会破坏印制电路板,也会使拆下来但没失效的元器件无法重新使用,因此有必要掌握元器件拆焊的方法。

拆焊过程中,主要用的工具有电烙铁、吸锡器、镊子等。针对不同的元器件,拆焊的方法有多种。

1. 引脚较少的元器件拆法

一手拿电烙铁加热待拆元器件引脚焊点,一手用镊子夹着元器件,待焊点焊锡熔化时,用镊子将元器件轻轻往外拉。

2. 多焊点元器件且引脚较硬的元器件拆法

采用吸锡器逐个将引脚焊锡吸干净后,再用夹子取出元器件。

3. 双列或四列 IC 的拆卸

用热风枪拆焊,温度控制在 350℃,风量控制在 3～4 格,对着引脚垂直、均匀地来回吹热风,同时用镊子的尖端靠在集成电路的一个角上,待所有引脚焊锡熔化时,用镊子尖轻轻将 IC 挑起。

4.3.7　焊接技术要求与质量检查

1. 焊点的技术要求

焊点质量的好坏直接影响电子产品的可靠性和使用寿命。一个虚焊可能造成整个设备工作不稳定甚至是不工作,因此对焊点质量要严格把关。对焊点的要求主要有:

(1) 可靠的电气连接:要求焊点内部焊料和焊件之间润湿良好,能使电流可靠通过。

(2) 足够的机械强度:要求焊点保证一定的抗拉性能,焊点的结构、焊接质量、焊料性能都对焊点的机械强度有很大的影响。

(3) 光洁整齐的外观:良好的焊点应该有标准的外形,表面光滑、有光泽、没有毛刺。

总之,质量好的焊点应该是:锥状(边缘微微向内凹陷);焊点光亮,对称、均匀且与焊盘大小比例合适;无焊剂残留物。

2.焊点的质量检查

(1)外观检查:通过肉眼从焊点的外观上检查焊接质量,也可以借助放大镜进行目检。目检的主要内容有:焊点是否有错焊、漏焊、虚焊和连焊;焊点周围是否有焊剂残留物;焊接部位有无热损伤和机械损伤现象。

(2)拨动检查:在外观检查中发现可疑现象时,可用镊子轻轻拨动焊接部位进行检查,并确认其质量。拨动检查主要包括导线、元器件引线和焊盘与焊锡是否结合良好,有无虚焊现象;元器件引线和导线根部是否有机械损伤。

(3)通电检查:通电检查必须是在外观检查及连接检查无误后才可进行的工作,也是检验电路性能的关键步骤。如果不经过严格的外观检查,通电检查不仅困难较多,而且容易损坏设备仪器,造成安全事故。通电检查可以发现许多微小的缺陷,例如用目测观察不到的电路桥接、内部虚焊等。

3.焊接质量的分析

构成焊点虚焊主要有下列几种原因:
(1)被焊件引脚氧化;
(2)被焊件引脚表面有污垢;
(3)焊锡质量差;
(4)焊接质量不过关,焊接时焊锡用量太少;
(5)电烙铁温度太低或太高,焊接时间过长或太短;
(6)焊接时,焊锡未凝固前焊件抖动。
常见焊接的不良现象及原因分析如表4.4所示。

表 4.4　焊接不良的现象以及原因

手工焊接的不良现象	外观特点	危害	原因分析
虚焊	焊锡与元器件引脚和铜箔之间有明显黑色界限,焊锡向界限凹陷	时好时坏,工作不稳定	1.元器件引脚未清洁好、未镀好锡或锡氧化 2.印制板未清洁好,喷涂的助焊剂质量不好
焊料过多	焊点表面向外凸出	浪费焊料,可能隐藏缺陷	焊丝撤离过晚

续表

手工焊接的不良现象	外观特点	危害	原因分析
焊料过少	焊点面积小于焊盘的80%,焊料未形成平滑的过渡面	机械强度不足	1. 焊锡流动性差或焊锡撤离过早 2. 助焊剂不足 3. 焊接时间太短
过热	焊点发白,表面较粗糙,无金属光泽	焊盘强度降低,容易剥落	烙铁功率过大,加热时间过长
冷焊	表面呈豆腐渣状颗粒,可能有裂纹	强度低,导电性能不好	焊料未凝固前焊件抖动
拉尖	焊点出现尖端	外观不佳,容易造成桥连短路	1. 助焊剂过少而加热时间过长 2. 烙铁撤离角度不当
桥连	相邻导线连接	电气短路	1. 焊锡过多 2. 烙铁撤离角度不当
铜箔翘起	铜箔从印制电路板上剥离	印制PCB已被损坏	焊接时间太长,温度过高

4.4　SMT工艺

表面组装技术是现代电子产品先进制造技术的重要组成部分。其技术内容包括表面组装元器件、组装基板、组装材料、组装工艺、组装设计、组装测试与检测技术、组装及其测试和检测设备等,是一项综合性工程科学技术。

4.4.1　SMT 简介

1．SMT 介绍

SMT 的实质是指将片式化、微型化的无引线或短引线表面组装元件/器件(简称 SMC/SMD,常称为片状元器件)直接贴、焊到 PCB 表面或其他基板的表面上的一种电子组装技术。

2．SMT 主要特点

(1) 高密集:SMC、SMD 的体积只有传统元器件的 1/10～1/3,可以安装在 PCB 的两面,有效利用了印制电路板的面积,减轻了电路板的重量。一般可使电子产品的体积缩小40%～60%,重量减轻 60%～80%。

(2) 高可靠:SMC、SMD 无引线或引线很短,重量轻,因而抗振能力强,焊点失效率可比 THT 至少降低一个数量级,大大提高产品可靠性。

(3) 高性能:SMT 密集安装,减小了电磁干扰和射频干扰,尤其高频电路中减小了分布参数的影响,提高了信号传输速度,改善了高频特性。

(4) 高效率:SMT 更适合自动化大规模生产。采用计算机集成制造系统(CIMS)可使整个生产过程高度自动化,将生产效率提高到新的水平。

(5) 低成本:SMT 使 PCB 面积减小,降低了 PCB 制板成本;无引线和短引线元器件在安装中省去引线成形、打弯、剪线的工序;焊点可靠性提高,减小调试和维修成本。一般情况下采用 SMT 后可使产品总成本下降 30%以上。

3．SMT 工艺及设备简介

SMT 有两种基本方式,主要取决于焊接方式。

(1) 采用波峰焊:见图 4.12,此种方式适合大批量生产,对贴片精度要求高,生产过程自动化程度要求也很高。

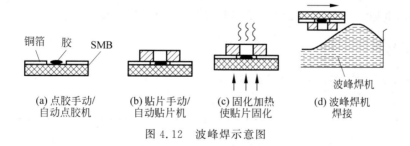

(a) 点胶手动/ 自动点胶机　(b) 贴片手动/ 自动贴片机　(c) 固化加热 使贴片固化　(d) 波峰焊机 焊接

图 4.12　波峰焊示意图

(2) 采用再流焊(或回流焊):如图 4.13 所示,这种方法较为灵活,依据设备的自动化程度,可用于中小批量生产,也可用于大批量生产。

根据产品实际,还可以采用混合安装方法,即将上述两种方法交替使用。

图 4.13　再流焊示意图

4.4.2　SMT 元器件简介

表面贴装元器件 SMD(surface mounting devices)，按功能可分为无源、有源和机电 3 类，类型有片状阻容元件和表面贴装器件。

1. 片状电阻

表 4.5 所示为常用片状电阻尺寸主要参数。

表 4.5　片状电阻尺寸

代码参数	RC1608 (RC0603)	RC2012 (RC0805)	RC3216 (RC1206)	RC5215 (RC1210)	RC5025 (RC2010)	RC6332 (RC2512)
长度/mm	1.6±0.15	2.0±0.15	3.2±0.15	3.2±0.15	5.0±0.15	6.3±0.15
宽度/mm	0.8±0.15	1.25±0.15	1.6±0.15	2.5±0.15	2.5±0.15	3.2±0.15
额定功率/W	1/16	1/10	1/8	1/4	1/2	1
额定电压/V		100	200	200	200	200

注意：

(1) 代码为美制代码，括弧内为英制代码；

(2) 片状电阻厚度为 0.4～0.6 mm；

(3) 最新片状元件为 RC1005(RC0402)，0603(0201)，但目前应用较少；

(4) 阻值一般直接标志在电阻其中一面，黑底白字(如图 1.5 所示)阻值小于 10 Ω 用 R 代替小数点，例如 8R2 表示 8.2 Ω，0 R 为跨接片，电流容量不超过 2 A。

2. 片状电容

表 4.6 是常用片状电容尺寸主要参数。

表 4.6　片状电容尺寸

代　号		长度/mm	宽度/mm	代　号		长度/mm	宽度/mm
国际单位制	英制			国际单位制	英制		
CC2012	CC0805	2.0±0.2	1.2±0.2	CC4532	CC1812	4.5±0.2	3.2±0.2
CC3216	CC1206	3.2±0.2	1.6±0.2	CC4564	CC1825	4.5±0.3	6.4±0.4
CC3225	CC1210	3.2±0.2	2.5±0.2				

注意：

（1）片状电容元件厚度为 0.9～4.0 mm；

（2）矩形片状电容没印标志，贴装时无朝向性；

（3）容量超过 0.33 μF 的表面组装元件通常使用贴片钽电解电容。

3．表面贴装器件

表面贴装器件包括表面贴装分立器件（二极管、三极管、FET/晶闸管等）和集成电路两大类。

（1）表面贴装分立器件：常用分立贴装器件主要有二极管、三极管、MOS 管等。常见的片状二极管分圆柱形和矩形两种。圆柱形片状二极管没有引线，外形尺寸有 $\phi 1.5\ \text{mm} \times 3.5\ \text{mm}$ 和 $\phi 2.7\ \text{mm} \times 5.2\ \text{mm}$ 两种。片状二极管一般通过电流为 150 mA，耐压为 50 V。矩形片状二极管有 3 条 0.65 mm 短引线。根据管内所含二极管的数量和连接方式，有单管、对管之分；对管又分共阳、共阴、串接等方式。片状三极管按类型分有 NPN 管与 PNP 管；按用途分有普通管、超高频管、高反压管、达林顿管等。功率晶体三极管功率为 1～1.5 W，最大可达 2 W。集电极有两个引脚，焊接时可接任意一脚。小功率晶体三极管功率一般为 100～200 mW，电流为 10～700 mA。

（2）表面贴装集成电路：常用 SOP（Small Out-line Package）和四列扁平封装 QFP（quad flat package）封装，这种封装属于有引线封装。SMD 集成电路常用的另一种封装为 BGA（Ball Grid Array）封装，这种封装的应用日益广泛，主要用于器件引脚多、要求微型化的电路。

常用贴片元器件外形见图 4.14。

图 4.14　常见贴片元器件

4.4.3　SMT 过程与相应设备介绍

1. 手工 SMT 装配工艺

1）手动刮锡

设备：锡膏钢网和焊锡刮刀

方法：锡膏钢网的网孔是与电路板贴片元件位置相对应的。所以，必须将电路板对准网孔，置于丝印网下。然后，焊锡刮刀均匀涂上比电路板宽的锡后，压紧丝印网，按 45°角，用力一次刮过电路板，刮锡过程中，逐渐减小刮刀与丝印网的角度，给电路板上锡。

关键：电路板对位要准，压紧丝印网，刮刀上锡量合适，朝一个方向，不能重复刮。

2）手工贴片

手工贴片就是按照电子元器件的放置要求，把电子元器件放置到印刷好锡膏的印制电路板上，操作的方法有两种：镊子拾取贴片和用真空吸笔贴片。

注意：普通的电阻是无极性的，但是有正反面区别，电阻的正面是有标示的，而反面是白色的；普通的无极性电容无标记，也无正反面区分；对于有极性的电容，则需要电容上的标记与印制电路板上的符号标记一致，切不可弄反；对于芯片的安装，则特别注意其引脚的排列顺序。

3）回流焊接

将贴好元件的电路板，放置到回流焊接炉中进行焊接。

常用手工 SMT 设备如图 4.15 所示。

2. 自动 SMT 装配工艺

自动 SMT 装配的工艺流程和手工 SMT 是完全一样的，只是这些过程只需要少量人员参与，操作人员可以通过程序设定来控制机器的动作。此方法适用于大批量生产过程，所用的主要设备如图 4.16～图 4.18 所示。

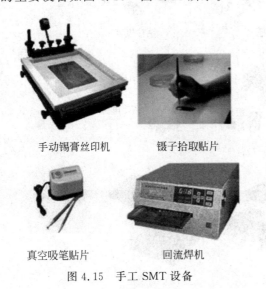

手动锡膏丝印机　　　镊子拾取贴片

真空吸笔贴片　　　回流焊机

图 4.15　手工 SMT 设备

图 4.16　锡膏丝印机

图 4.17 自动贴片机

图 4.18 回流焊炉

SMT 基本工艺构成要素包括：丝印（或点胶）、贴装（固化）、回流焊接、清洗、检测、返修。

（1）丝印：作用是将焊膏漏印到 PCB 的焊盘上，为元器件的焊接做准备。所用设备为丝印机（丝网印刷机），位于 SMT 生产线的最前端。图 4.16 所示是锡膏丝印机。

（2）点胶：它是将贴片胶放置到 PCB 的特定位置上，主要作用是将元器件固定到 PCB 上。所用设备为点胶机。

（3）贴装：其作用是将表面组装元器件准确安装到 PCB 的固定位置上。所用设备为贴片机，位于 SMT 生产线中丝印机的后面。图 4.17 所示是自动贴片机。

（4）固化：其作用是将贴片胶融化，从而使表面组装元器件与 PCB 牢固粘接在一起。所用设备为固化炉，位于 SMT 生产线中贴片机的后面。

（5）回流焊接：其作用是将焊膏融化，使表面组装元器件与 PCB 牢固粘接在一起。所用设备为回流焊炉，位于 SMT 生产线中贴片机的后面。图 4.18 所示是回流焊炉。

（6）清洗：其作用是将组装好的 PCB 上面的对人体有害的焊接残留物如助焊剂等除去。所用设备为清洗机，位置可以不固定，可以在线，也可不在线。

（7）检测：其作用是对组装好的 PCB 进行焊接质量和装配质量的检测。所用设备有放大镜、显微镜、在线测试仪（ICT）、飞针测试仪、自动光学检测（AOI）、X-RAY 检测系统、功能测试仪等。位置根据检测的需要，可以配置在生产线合适的地方。

（8）返修：其作用是对检测出现故障的 PCB 进行返工。

4.4.4 SMT 焊点质量检测

焊点上的焊锡主要有两个作用：一是固定元器件在电路板上；二是使元器件的引脚与电路板上的焊盘形成良好的电气连接。合格的焊点应为形成润湿良好的焊缝，元件焊接端和焊盘之间有重叠接触，集成电路的引脚之间不应该有焊锡连接，典型 SMT 焊点的外观如图 4.19 所示。

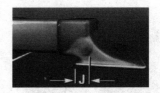

图 4.19   典型 SMT 焊点的外观

　　贴片元器件经过回流焊炉焊接后,要认真检查焊点质量,确保 SMT 焊点焊接完好。焊点出现的问题可能有焊料过少、元件移位、元件错位、元件引脚短路、元件侧装等。不合格的焊点如图 4.20 所示。

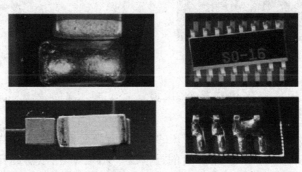

图 4.20   不合格的焊点

　　简单的检测方法有:

　　(1) 目测检查。目测焊点是否存在明显的缺陷。

　　(2) 利用万用表的二极管挡检查元件的每个引脚与电路板上的焊盘之间是否存在虚焊。对于电阻、电容、三极管等贴片元器件,还应检查引脚之间是否短路。对于集成块,因为引脚之间的间距较小,除了检查集成块引脚是否与焊盘形成良好电气连接之外,还需要检查相邻引脚是否短路。

　　SMT 焊点维修方法有:

　　(1) 对于焊料过少的情况,可以直接在引脚与焊盘的连接处补加焊锡。

　　(2) 对于元件移位、错位等情况,先用电烙铁按照正确的方法把元器件拆卸,然后对准元件的位置后进行手工焊接。

第 5 章

开源硬件 GDuino UNO 入门

Arduino 是一款便捷灵活、方便上手的开源电子原型平台，包含硬件（各种型号的 Arduino 板）和软件（Arduino IDE）。Arduino 不仅仅是全球最流行的开源硬件，也是一个优秀的硬件开发平台，更是硬件开发的趋势。其简单的开发方式使得开发者更关注创意和实现，更快地完成自己的项目开发，缩短开发周期。Arduino UNO 是 Arduino USB 接口系列的最新版本，是 Arduino 平台的参考标准模板，其外形如图 5.1 所示。

图 5.1　Arduino UNO

5.1　GDuino UNO 介绍

Arduino 简化了单片机工作的流程，同其他单片机系统相比，Arduino 在很多地方具有优越性，更适合教师、学生和爱好者使用。Arduino UNO 板遵循 Creative Commons 许可协议而开发的基于 Atmel 的 ATMEGA8 和 ATMTGA168/328 单片机设计而成的开源硬件平台。因此根据 Creative Commons 许可协议，所有有经验和创意的设计师都可以根据自己的需求设计自己的模块，对其进行扩展和改进。图 5.2 是为以官方 Arduino UNO 为模板而二次设计的 GDuino UNO，其兼容官方 Arduino UNO 板子，可以使用相同的第三方模块进行功能扩展。

对比图 5.1 和图 5.2 可看出，GDuino UNO 在接口和功能上兼容官方 Arduino UNO，主要具有以下特点：

96

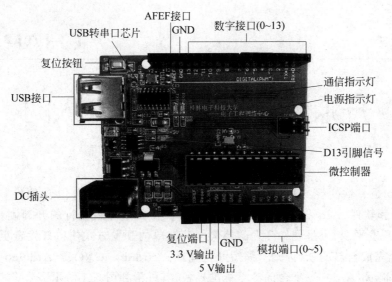

图 5.2 GDuino UNO 资源分布图

（1）微控制器核心：AVRmega168-20PU/328-20PU(处理速度可达 20MIPS)。

（2）工作电压：+5 V。

（3）外部输入电压：+7～+12 V(建议)。

（4）外部输入电压(极值)：+6～+20 V。

（5）数字信号 I/O 接口 0～13：共 14 个,其中 6 个 PWM 输出接口(Pin11、Pin10、Pin9、Pin6、Pin5、Pin3)。

（6）模拟信号输入接口 0～5：共 6 个。

（7）DC I/O 接口电流：40 mA。

（8）Flash 容量：16 KB/32 KB(其他 2 K 用于 bootloader)。

（9）SRAM 静态存储容量：1 KB。

（10）EEPROM 存储容量：512 B。

（11）时钟频率：16 MHz,支持 USB 接口协议。

（12）支持 USB 供电与外部供电。

（13）支持 ISP 下载功能。

（14）支持插针。

5.2 GDuino UNO 与 Arduino UNO 的区别

GDuino UNO 相较于官方 Arduino UNO 主要在部分元器件的选型和布局上存在着差异。考虑到整个板子能更好地利用普通自动贴片机和回流焊进行小批量生产,并且初学者能使用普通电烙铁方便地实现电路板检修,因此在 GDuino UNO 中做了以下修改:

（1）元器件选型本土化。在满足相同功能的前提下,更换了部分解决方案,将部分元器件本土化,选取了在国内更容易买到的芯片,不仅降低了 GDuino UNO 的成本,而且使初学者能更容易对 GDuino UNO 进行检修。为了兼容所有 PC 和 Arduino 编程环境,GDuino

UNO 通过 USB 虚拟出串口与 PC 进行通信,使用串口完成程序的上传、串行通信等,USB 转串口功能芯片对 GDuino UNO 来说,其重要性等同于核心微控制器。GDuino UNO 选取封装类型为 SOP-16 的 CH340G 来实现 USB 串口功能,替代官方 Arduino UNO 中 MLF32 类型的 ATmega8 方案,一方面减少了外围电路,另一方面简化了后期检修的复杂操作,降低了初学者自主维修的困难。为了适应不同的供电环境,GDuino UNO 电源供给方案延续 Arduino UNO 的两种方式,即电源 DC 接头和 USB 接口供电,但在 GDuino UNO 中 3.3 V 电源的转换采用了封装类型为 SOT-223 的 AMS1117-3.3,替换 Arduino UNO 中 SOT-23 的 LP2985-33 线性稳压方案。这样改变的理由有三:第一,针对此类型开发板的电压电流需求,不管是 LP2985-33 还是 AMS1117-3.3 都能满足;第二,LP2985-33 比 AMS1117-3.3 多了一个编程关断的功能,但在 GDuino UNO 中没有用到此功能,因此两者在功能上完全可以互换;第三,封装为 SOT-223 的 AMS1117-3.3 手工焊接难度远远低于封装为 SOT-23 的 LP2985-33,为后期 GDuino UNO 的检修带来了极大的便利,提高初学者检修的成功率。

(2) 元器件类型单一化。对于 Arduino,USB 串口芯片和核心微控制器都需要晶振为其提供频率基准,在官方 Arduino UNO 开发板中,两个晶振采用不同封装类型进行安装。考虑到 GDuino UNO 的应用环境,无须对晶振类型提出特殊要求,因此将两个晶振统一采用四角无源晶振,封装类型为贴片 SMD-5032。统一晶振封装类型减小了初学者识别元器件的难度,同时也减少了自动贴片机前期建模的工作,提高了贴片生产的速度。基于同样的考虑,在不影响整体性能的情况下,将 Arduino UNO 中的贴片铝电解电容 PC1 和 PC2 替换为贴片陶瓷电容,封装类型为 1206。Arduino UNO 中贴片电阻都采用 0603×4 的排阻,为了让初学者更好地识别和区分贴片电阻和贴片电容,GDuino UNO 中贴片电阻和贴片电容都使用了相同的 0603 封装规格。

(3) 元器件封装简单化。在 GDuino UNO 中,将官方原理图中作为电源选择作用的 LMV358 运算放大器的封装类型更换为常见的 SOP-8 类型,亦以 USB-A 型 USB 母口座替换 Arduino UNO 中 USB-B 型。如此更改的目的在于让 GDuino UNO 元器件的封装更为简单常见,增加初学者手工焊接的成功率,减小初学者生产 GDuino UNO 时的硬件故障率。

5.3 开源硬件 GDuino UNO 使用前的准备

5.3.1 开发环境安装

在使用 GDuino UNO 前,需要安装 Arduino IDE 软件开发环境。在 Arduino 官网 (https://www.arduino.cc/en/Main/Software)下载开发环境在各种系统(Windows、Mac OS X、Linux)下的最新版本,并使用安装包中的安装程序进行安装。

开发环境安装完后,使用配套的 USB 线将 GDuino UNO 上的 USB-A 型母口连接好,如图 5.3 所示,另外一端的 USB 连接到计算机任意一个 USB 接口。接下来就会出现 CH340 的 USB TO UART 的驱动程序安装画面,根据提示安装驱动程序。

图 5.3　GDuino UNO 连接图

5.3.2　更改菜单语言

打开 Arduino IDE,如果习惯中文的菜单选项就需要进行相应设置。依次选择 File→Preferenced,出现如图 5.4 所示的 Preferences 对话框。

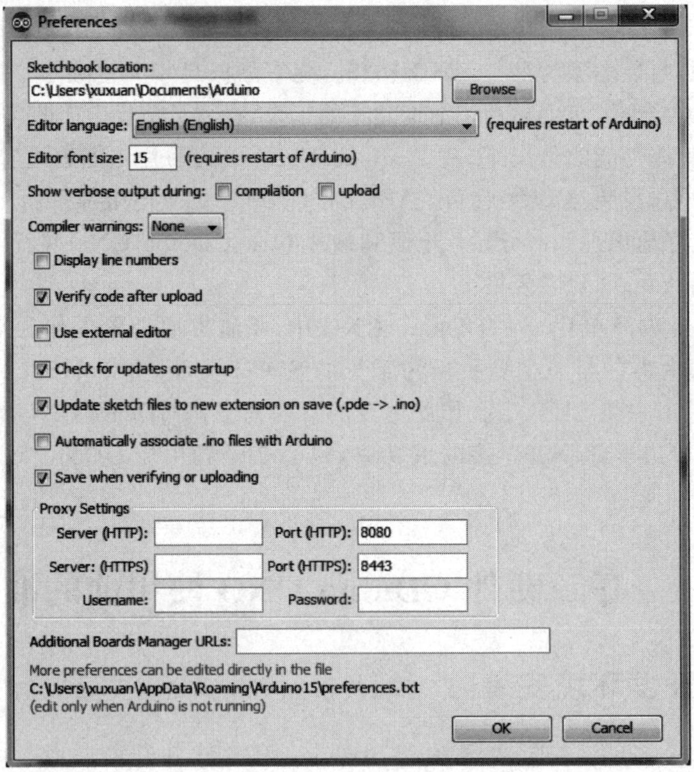

图 5.4　Preferenced 界面

在 Editor language 中选择简体中文,单击 OK。应注意到语言选择的后括号内的说明文字"requires restart of Arduino",这说明修改语言这一选项需要重启软件后方可生效。重新启动 Arduino 软件,开发环境的菜单便是中文菜单了,如图 5.5 所示。

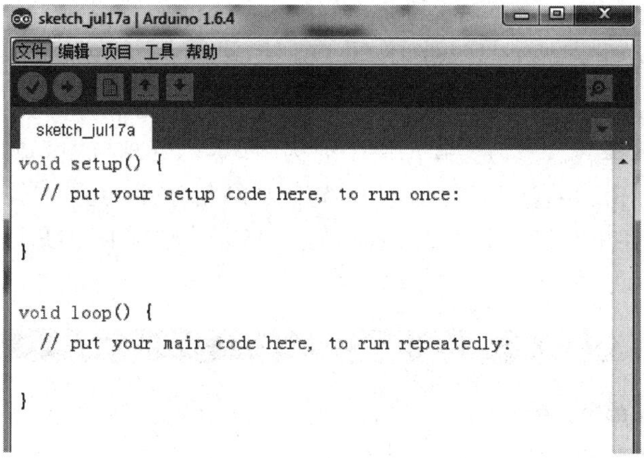

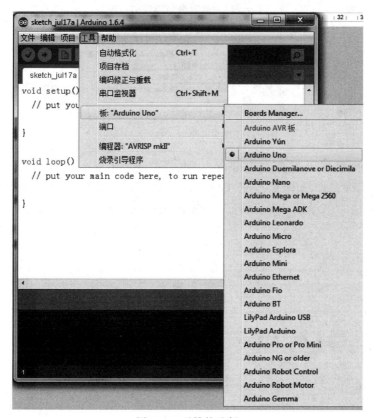

图 5.5　软件中文界面

5.3.3　选择板卡和通信端口

Arduino IDE 是一款面向多种硬件平台的软件开发环境,因此在进行程序编写之前需要"告诉"软件现在使用的硬件平台是什么型号的。选择硬件型号的方式是在菜单栏中依次选择"工具"→"板:",在所列列表中选择对应的板号。本书使用的 GDuino UNO 为兼容 Arduino UNO,因此这里选择 Arduino Uno 板号,如图 5.6 所示。

图 5.6　型号的选择

在每次进行编程下载之前,均要进行通信端口的设置。由于通信端口(即后文中的
"COM 口")会因接入计算机 USB 端口的不同而变化,因此每次均要去查询当前 GDuino
UNO 开发板使用的 COM 口是哪一个。查询当前使用的端口号的方法是:右击"我的电
脑",在弹出菜单中选择"管理"后会弹出一个名为"计算机管理"的窗口,在该窗口的左边单
击"设备管理器"后在窗口右边的 Ports(COM&LPT)目录中找到 Arduino Uno,其后方括
号内的信息即为当前开发板的端口号,如图 5.7 所示,实例中 GDuino UNO 的 COM 口
为 COM12。

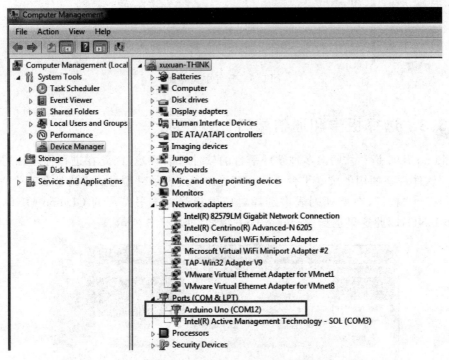

图 5.7 查看 GDuino 的 COM 端口

知道 COM 口编号后,需要在 Arduino IDE 开发环境中依次选择"工具"→"端口",并单
击端口,在端口列表中选择对应的 COM 口号。至此,基本设置完成,可以正式进军
GDuino,根据想法和创意编写对应的程序,赋予 GDuino UNO "灵魂"。

第6章

学习 Arduino 之开发实战

6.1 实战 1: LED 闪烁

作为一个单片机开发人员,使用一块新的开发板时,往往都是从最简单的 IO 控制开始,所以 LED 闪烁实验往往都是第一个验证开发板的"小白鼠"。

1. 目标

LED 1 s 闪烁一次。

2. 硬件连接图

使用 Arduino UNO、面包板、杜邦线、电阻、LED 搭建实验连接图,如图 6.1 所示。

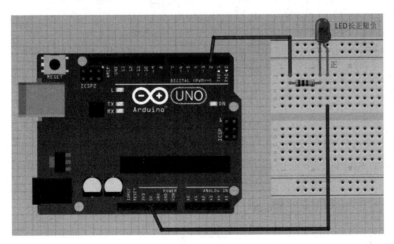

图 6.1　LED 闪烁实验连接图

3. 理论学习

对于一个 LED,只要 LED 正端电压比其负端电压高 0.7 V 以上就会发光。因此要实现 LED 闪烁,只需在一段时间内给它两端满足发光的电压差使之发光,紧接着的一段时间内撤去两端电压差使之熄灭,然后再次给予电压差,如此循环即可实现 LED 闪烁。

图 6.1 为 LED 闪烁项目所需的硬件连线图,其中 LED 正端连接到 5 V 电源,LED 负端

通过一个限流电阻连接到 Arduino UNO 开发板的一个端口（数字 IO 2）上，只要控制这个 IO 口的高低电平变化，就可以实现 LED 的闪烁。

Arduino 使用起来之所以要比其他开发板更易懂、易用，主要是它的编程语言更为简单和人性化，非常适合单片机初学者。

一个 Arduino 程序分为两部分，实际就是两个主函数：Void setup()和 Void loop()。Void setup()函数里放置的是 Arduino 初始化程序，所有需要在主程序运行之前准备的工作都放置到这个函数中。Void loop()是 Arduino 的主函数，这个函数里面的内容会一直重复执行，一直到电源被断开。

以下例，配合注释进行语句学习。

```
#define led 2                      //设置 Arduino 板子上数字 I/O 2 引脚的名字为 led
pinMode(led,OUTPUT);               //用于设置 led 引脚功能为输出模式
digitalWrite(led,LOW);             //用于改变 led 引脚输出电平为低电平
digitalWrite(led,HIGH);            //用于改变 led 引脚输出电平为高电平
delay(1000);                       //延时 1000 ms 函数
```

4. 实验程序

```
#define led 2                      //定义数字 IO 2 的名字为 led
void setup()                       //初始化部分
{
  pinMode(led,OUTPUT);             //定义 led 引脚为输出模式
}
void loop()                        //主循环
{
  digitalWrite(led,LOW);           //led 引脚输出低电平,点亮 led
  delay(1000);                     //延时 1000 ms,这段时间内 led 保持点亮状态
  digitalWrite(led,HIGH);          //led 引脚输出高电平,熄灭 led
  delay(1000);                     //延时 1 s,这段时间内 led 保持熄灭
}
```

程序下载：将上述程序输入到 Arduino IDE 开发环境中，设置好开发板型号和使用端口号后，单击工具栏中的 ▨ 按钮进行编译，等待状态栏显示"编译完成"。如果程序有错误，编译状态栏会显示对应的错误信息，根据错误提示进行程序修改，修改后再次编译，直到无错误为止。编译完成后，单击工具栏中的 ◉ 按钮，并等待状态栏显示"上传成功"，至此程序已下载到 Arduino 开发板中。下载完成后，程序会自动执行，观察实验现象。

5. 尝试操作

GDuino UNO 开发板上的标号为 L 的 LED 的负极接到了开发板上的 GND 上，其正极"接到"[①]数字 IO13 引脚，请尝试进行将该 LED 点亮、熄灭以闪烁操作，并尝试调整闪烁的时间。

---

① 上文中的接到二字使用了引号，因为该 LED 的正极经过一个电阻接到了一个由运放构成的电压跟随器的输出端，而电压跟随器的输入端接到了数字 IO13 脚上，所以对于初学者而言，可以直接认为 LED 的正极经过电阻接到了 IO13 脚上。

6.2　实战 2：按键控制 LED 亮灭

通过实战 1 的演练，我们已经学会了 IO 口的输出控制，那 IO 口输入控制怎么处理呢？如何用 IO 口的输入功能去检测一个按键或者某些传感器的变化呢？

1. 实验连接图

使用 Arduino UNO、面包板、杜邦线、按键等搭建实验连接图，如图 6.2 所示。

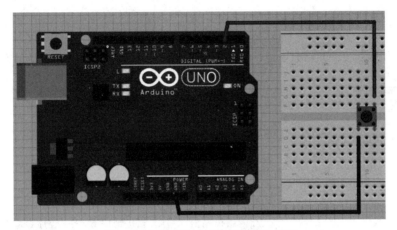

图 6.2　按键控制 LED 灯实验连接图

2. 实验现象

每按键一次改变一下板载 LED 的状态，按一下 LED 亮，再按一下 LED 灭。

3. 理论学习

（1）按键检测原理。如图 6.2 所示，将按键一端连接到 GND，另一端连接到数字 IO 第 2 引脚上。未按下按键时，IO 为悬空状态；按下按键时，IO 为低电平。由此，设置 IO 为输入状态，通过读取 IO 的电平来获取按键状态，判断按键是否按下。

（2）按键去抖原理。按键在按下和抬起过程中，由于机械振动会引起抖动的现象，如果不加以处理，Arduino 就会误读出不稳定的信号，表现出高低电平快速变化而无法控制的现象，如图 6.3 所示。在按键按下时，IO 电平从高电平变化为低电平，由于抖动原因，在时间 t 内，出现了多次高低电平变化，这些并不是有效的按键信息，因此需要

图 6.3　按键抖动电平示意图

过滤掉这些抖动信息。处理抖动最简单的办法就是忽略时间 t 内的所有变化，也就是说 Arduino 检测到 IO 电平从高电平变化到低电平后，延时 t 时间，然后再次检测 IO 电平，如果是高电平就认为之前的电平变化为抖动，不进行处理；如果依然是低电平，就认为是有效的按键信息。一般情况下，时间 t 通常认为是 20 ms。

（3）松手检测原理。按键过程分为 3 个有效过程，按键按下、按键持续和按键松开。有

些时候我们认为只有当按键松开后,才算这次按键有效,因此要进行松手检测。所谓松手检测,原理很简单,就是当检测到按键按下后,就让程序一直循环判断按键电平,当检测到IO电平恢复为高电平就跳出循环,以此认为松手检测结束。

(4) 依下例进行新语句学习。

```
int KEY_NUM = 0;                    //定义一个变量,并且初始化为0
pinMode(KEY,INPUT_PULLUP);          //设置 KEY 引脚为输入模式,并带上拉电阻
if(X) {Y};                          //判断 X 是否为真,为真就执行 Y 语句
while(X) {Y};                       //如果 X 为真就一直执行 Y 语句,否则不执行
```

4. 实验程序

```
#define LED 13
#define KEY 2
int KEY_NUM = 0;                          //按键键值存放变量,值为 1 时说明有按键按下
void setup()
{
  pinMode(LED,OUTPUT);                    //定义 LED 为输出引脚
  pinMode(KEY,INPUT_PULLUP);              //定义 KEY 为带上拉输入引脚
}
void loop()
{
ScanKey();                        //调用按键扫描程序,当按键按下,该子程序会修改 KEY_NUM 的值
  if(KEY_NUM == 1)                        //判断是否按键按下
  {
    digitalWrite(LED,!digitalRead(LED));  //LED 的状态翻转
  }
}

void ScanKey()                            //按键扫描子程序
{
  KEY_NUM = 0;                            //清空变量
  if(digitalRead(KEY) == LOW)             //有按键按下
  {
    delay(20);                            //延时 20 ms,消除抖动
    if(digitalRead(KEY) == LOW)           //确定有按键按下
    {
      KEY_NUM = 1;                        //变量设置为 1
      while(digitalRead(KEY) == LOW);     //松手检测,等待按键松手
    }
  }
}
```

5. 尝试操作

if 和 while 两种判断语句是否作用相似? 如果不能确定请将程序中 if 换成 while;while 换成 if 然后看看运行结果,是否会有变化。

6.3　实战 3：LCD1602 显示

经过前两个实验,基本掌握了 Arduino 的输入和输出控制。下面这个实验给 Arduino 加一个显示器,让 Arduino 能显示我们想"说"的话。

1. 实验连接图

使用 Arduino UNO、面包板、杜邦线、LCD1602 等搭建实验连接图,如图 6.4 所示。

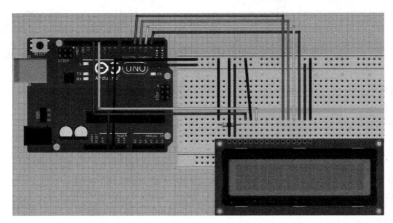

图 6.4　LCD 实验连接图

2. 实验目的

LCD1602 液晶显示器显示"HELLO,GUET JXSJB!"。

3. 理论学习

(1) LCD1602 液晶也叫 1602 字符型液晶,它是一种专门用来显示字母、数字、符号等点阵型液晶模块。它由若干个 5×7 或者 5×11 等点阵字符位组成,每个点阵字符位都可以显示一个字符,每位之间有一个点距的间隔,每行之间也有间隔,起到了字符间距和行间距的作用,正因如此所以它不能很好地显示图形和中文(用自定义 CGRAM,显示效果也不好)。1602LCD 是指显示的内容为 16×2,即可以显示两行,每行 16 个字符液晶模块(显示字符和数字)。

LCD1602 分为带背光和不带背光两种,其控制器大部分为 HD44780,带背光的比不带背光的厚,但在应用中没有什么差别。LCD1602 采用标准的 14 脚(无背光)或 16 脚(带背光)接口,各引脚接口说明如表 6.1。

LCD1602 连接时可以选择 8 位总线模式和 4 位总线模式。外接控制器 IO 比较丰富的情况下选择 8 位总线模式,外接控制器 IO 比较短缺的情况下就选择 4 位总线模式。对于 Arduino UNO 而言,选择 4 位总线模式是比较合理的。在 4 位总线模式时,使用的数据端口为高 4 位端口(D4~D7);另外对于读/写选择端口 R/W 在一般情况下只需要控制写,LCD1602"忙"的状态可以用较长的等待来代替,所以 R/W 端口可以一直连接到 GND 地端，使得写入信号有效。因此在 4 位总线模式下，只需要 RS、EN、D4、D5、D6、D7 6 条数据端口就可以完成 LCD1602 的控制及显示。

表 6.1　LCD1602 各引脚说明表

编号	符号	引 脚 说 明	编号	符号	引 脚 说 明
1	VSS	电源地	9	D2	数据端口 2
2	VDD	电源正极	10	D3	数据端口 3
3	VL	液晶显示偏压	11	D4	数据端口 4
4	RS	数据/命令选择	12	D5	数据端口 5
5	R/W	读/写选择	13	D6	数据端口 6
6	EN	使能信号	14	D7	数据端口 7
7	D0	数据端口 0	15	BLA	背光源正极
8	D1	数据端口 1	16	BLK	背光源负极

（2）依下例进行新语句学习。

```
# include < LiquidCrystal.h >          //包含 LCD1602 需要使用的库文件
                                       //其提供了 LCD1602 的一些操作函数
LiquidCrystal lcd(12,11,5,4,3,2);      //定义 LCD1602 使用的 IO 口,
                                       //分别对应着 RS、EN、D4、D5、D6、D7

lcd.begin(16,2);                       //用于初始化 LCD1602
lcd.print("HELLO,GUET DZSX!");         //用于显示内容在 LCD1602 上
```

4. 实验程序

```
# include < LiquidCrystal.h >
LiquidCrystal lcd(12,11,5,4,3,2);      //创建一个 LiquidCrystal 的对象,使用 Arduino 板
                                       //子的数字 IO(12,11,5,4,3,2)所有 LCD1602 的操作
                                       //都在对象里实现

void setup()
{
  lcd.begin(16,2);                     //初始化 LCD1602
  lcd.print("HELLO,GUET JXSJB!");      //液晶显示 HELLO,GUET JXSJB!
  delay(1000);                         //延时 1000 ms
}
void loop()
{
}
```

6.4　实战 4：数字温度计

通过前文的学习，大家已经掌握了普通的输入输出控制和液晶显示器 LCD1602 的使用，如何把这两者结合起来，完成一个比较综合的实验呢？本实验实现一个能实时采集环境温度并数显的装置，即数字温度计。

1. 实验连接图

使用 Arduino UNO、面包板、杜邦线、LCD1602、DS18B20 等搭建实验连接图，如图 6.5 所示。

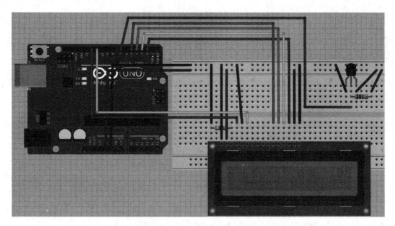

图 6.5　数字温度计连接图

2. 实验目的

Arduino 通过温度传感器 DS18B20 采集环境温度,并通过 LCD1602 实时显示出来,周围环境温度发生变化时,显示的温度能实时随之发生变化,并保证数据准确。

3. 理论学习

(1) 温度传感器 DS18B20。DS18B20 数字温度传感器是美国 DALLAS 公司生产的单总线数字温度传感器。DS18B20 数字温度计提供 9 位(二进制)温度读数,用于指示器件的温度,信息经过单线接口送入 DS18B20 或从 DS18B20 送出,因此从单片机到 DS18B20 仅需一条线(和地线,但是地线不占用 I/O 端口),DS18B20 的电源可以由数据线本身提供而不需要外部电源。由于每一个 DS18B20 在出厂时已经给定了唯一的序号,因此任意多个 DS18B20 可以存放在同一条单线总线上,这允许在许多不同的地方放置温度敏感器件。DS18B20 的测量范围从 $-55 \sim 125 \, ^\circ\mathrm{C}$,增量值为 $0.5 \, ^\circ\mathrm{C}$,可在 1s(典型值)内把温度变换成数字信息。简单地理解 DS18B20 测温原理,就是把芯片感知到的温度换成数值放在数据寄存器里,要想得到寄存器里的数据,只有按照 DALLAS 规定的一种特殊时序对 DS18B20 的数据口进行对应操作才能正确传出数据,这种时序被称为单总线协议。单片机可通过单总线协议,取得 DS18B20 里面的温度值。关于 DS18B20 的具体信息可参看其数据手册。

(2) Arduino 第三方库的导入。本实验中由于要使用 DS18B20,需要满足单总线协议,所以我们必须完成单总线协议的编写。但是,Arduino 的优势是具有丰富的第三方库,因此要实现我们的想法和创意时,有很多程序不需要从零开始编写,我们可以载入第三方库,直接使用,这是我们最乐意看到的,因为这一特性加快了项目开发速度。

Arduino 具有非常丰富的第三方库,并且都开源。进入 Arduino 官网库列表 http://playground. arduino. cc/Main/LibraryList 可以看到很多库分类。我们也可以进入 http://playground. arduino. cc/Main/InterfacingWithHardware,以硬件的型号或者接口进行查找。针对本实验所使用的 DS18B20,我们可以在 http://playground. arduino. cc/Main/InterfacingWithHardware 中找到对应的传感器型号,如图 6.6 所示。从图 6.6 中,可以看出针对 DS18B20,有多个第三方库,我们粗略看一下其介绍,选择其中一个进行下载,本示例选择 Dallas Temperature Control Library 库。

- **Temperature**
  - Internal Temperature Sensor The internal temperature sensor.
  - http://ricardo-dias.com/projects/temperature-central/ A temperature central with LM35 and 7-segment displays
  - Rudimentary Thermal Imaging A rudimentary setup for a 20 pixel thermal imaging device consisting of basically just 20 diodes.
  - http://www.australianrobotics.com.au/node/266 Pachube Client With Watchdog Timer (Round 2)
  - DS18B20 Accurate digital sensor. Simple code, could the basis for reading other 1-Wire devices. No special libraries needed, not even Arduino "OneWire".
  - An article about DS18B\S20 & Arduino Describes command interface for sensors (good for advanced users), provides Wiring function for handling the sensors
  - KTY 81-* KTY (NTC) Temperature sensor with Arduino
  - Dallas Temperature Control Library. A very simple library to interface with the DS18B20, DS18S20 or DS1820 IC.

图 6.6　官网 DS18B20 库列表

选择库以后，会进入到库文件的 Wiki 说明中，其介绍了第三方库文件的内容、使用方法、使用案例、各个版本下载地址、基本依赖库等，如图 6.7 所示。

Dallas Temperature Control Library

Contents [hide]

1 Introduction
2 The Library
　　2.1 Supported Devices
3 Limitations
4 Benefits
5 Installation
6 Comments
7 Example
8 Download
　　8.1 Code/Library
　　　　8.1.1 Latest
　　8.2 Github
　　　　8.2.1 Archive
　　8.3 One Wire Library
　　8.4 Datasheet
9 History
10 Bugs
11 Troubleshooting
12 Media
13 License

图 6.7　Dallas Temperature Control Library 库文件相关说明

我们选择最新版本的库文件进行下载,如图 6.8 所示。

图 6.8　库文件下载

根据 Wiki 说明,了解到此第三方库是基于单总线 OneWire 库开发的,因此还需要在此页面或者 OneWire 库 Wiki 说明页面进行下载,如图 6.9 所示。

图 6.9　OneWire 库文件下载

将下载好的"dallas-temperature-control"库和"OneWire"库复制到开发环境 Arduino IDE 安装目录下的 libraries 里,示例如图 6.10 所示,然后重新打开 Arduino 开发环境,就可以使用第三方库,进行相关程序的编写。

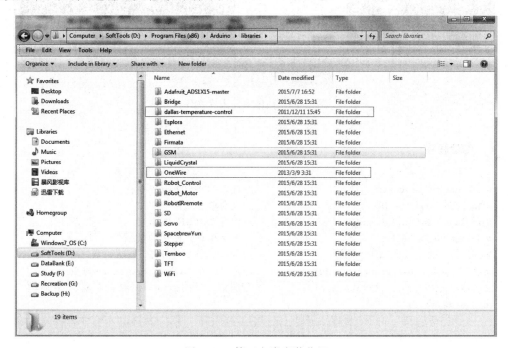

图 6.10　第三方库安装位置

(3) Arduino 第三方库的使用。第三方库导入以后,就可以使用第三方库相关函数写程序,实现我们的想法。新建一个 Arduino 程序框架,然后依次选择"项目"→Include Library,在所列的库中找到 dallas-temperature-control 和 OneWire,单击库名字后程序中就会自动包含对应库所需要的头文件,如图 6.11 所示。

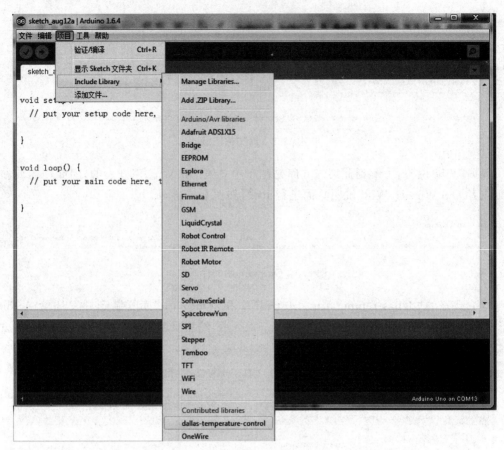

图 6.11　程序中导入库文件

4. 实验程序

```
#include <LiquidCrystal.h>              //包含 LCD1602 函数库
#include <OneWire.h>                    //包含单总线协议库
#include <DallasTemperature.h>          //包含 DS18B20 操作库
#define ONE_WIRE_BUS 7                  //定义单总线使用的数据口
OneWire oneWire(ONE_WIRE_BUS);          //定义一个单总线 OneWire 对象
DallasTemperature sensors(&oneWire);    //定义一个 DallasTemperature 对象
LiquidCrystal lcd(12,11,5,4,3,2);       //定义一个 LiquidCrystal 的对象,并初始化
void setup(void)
{
  lcd.begin(16,2);                      //初始化 LCD1602
  lcd.print("Temperature is: ");        //LCD1602 默认显示的内容
  sensors.begin();                      //初始化 DS18B20
}
void loop(void)
{
  sensors.requestTemperatures();        //请求 DS18B20 采集温度并转换
```

```
    lcd.setCursor(0,1);                    //设置显示在 LCD1602 第 2 行
    lcd.print(sensors.getTempCByIndex(0)); //获取温度值并显示
}
```

6.5 实战5：扩展板使用初探

通过前 4 个实验,基本掌握了普通 IO 口的输入输出功能和一些简单外设的使用方法, 对于 Arduino 的开发也算得上一个入门者,可以用 Arduino 实现想法和创意了,但从之前的 介绍发现 Arduino 的资源非常有限,如果要实现一个复杂系统的时候又该怎么办呢?

Arduino 是一款开源电子原型开发平台,其以软硬件开源的特性吸引了很多爱好者和 开发者,由此发展出一个庞大的第三方扩展板资源库为其服务,这也是它比其他单片机系统 更流行、更被广泛使用的直接原因之一。只要你有一个想法或创意,你几乎可以买到所有功 能扩展模块,只需要简单的整合和调试,就可以完成非常复杂的功能。本节示例以 ISP 下载 扩展板为例,带初学者进入强大扩展功能板的天堂。

Arduino UNO 中的核心微控制器是 AVR 系列单片机,其支持 ISP 在线编程。在程序 下载的时候需要专门的 ISP 下载器进行 Flash 程序的下载,通过下载器把二进制程序文件 固化到芯片的 Flash 存储区域里,由此程序才能在上电的时候正常运行。通过前面对 GDuino UNO 的使用,发现其并不需要专门的下载器就能完成程序的下载(Arduino IDE 中 称为上传),这又是如何做到的呢? 当主芯片出现问题,比如被烧坏的情况下,是不是使用者 自己买一片对应系列的 AVR 单片机置换到 Arduino UNO 板子上就可以直接完成程序的 下载,直接使用了呢?

Arduino UNO 中的 AVR 单片机之所以能 直接下载程序,而不需要专门的下载器,并不是 由于 Arduino UNO 开发板中设计有 ISP 下载 器,而是由于在板子出厂之前对 AVR 单片机进 行了特殊的引导程序处理。Arduino UNO 厂商 在芯片的 Flash 中固化了一段引导程序 (bootloader),引导程序处于 Flash 的开始段,从 单片机上电开始运行。引导程序一直循环监控 着串口通信端口的数据,一旦发现有数据传输, 则利用内部协议与计算机进行握手通信,握手成 功后则开始 ISP 程序下载。程序下载成功前后 Flash 的构成图如图 6.12 所示。

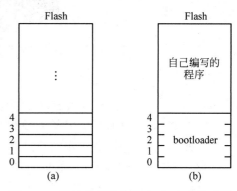

图 6.12 引导程序下载前后 Flash 的构成图
(a) 引导程序下载前;(b) 引导程序下载后

综上所述,Arduino UNO 中新换的 AVR 单片机如果要能正常地使用,则必须要在使 用之前在 Flash 中固化一段引导程序。引导程序的固化可以通过 Arduino UNO 的 ISP 扩 展板来实现,ISP 扩展板结构如图 6.13 所示。

从图 6.13 中可以发现,ISP 扩展板大小和 GDuino UNO 几乎一致,拥有与其匹配的相 同尺寸 IO 接口,因此可以直接插接到 GDuino UNO 上,进行功能的扩展。ISP 扩展板上有 活动的芯片座,方便放置新芯片进行 bootloader 的下载;也设计有专门的 ISP 下载连接口,

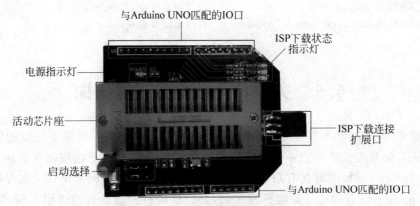

图 6.13　ISP 扩展板结构图

可以直接插接到 GDuino UNO 的 ISP 下载口上完成目标板 bootloader 的下载。板上设置有对应的电源指示灯和下载状态指示灯，方便直观地显示 ISP 扩展板的运行状态。ISP 扩展板在使用之前，使用跳线帽将启动选择置到如图 6.13 中所示位置。ISP 扩展板与 GDuino UNO 的连接如图 6.14 所示。

图 6.14　ISP 扩展板与 GDuino UNO 的连接图

　　要完成 bootloader 的下载，除了需要 GDuino UNO 和 ISP 扩展板以外，还需要让 GDuino UNO 运行对应的软件程序，具体操作步骤如下：

　　（1）如图 6.14 连接好 ISP 扩展板和 GDuino UNO，并正确放置好需要下载 bootloader 的 AVR 单片机，将活动芯片座的锁紧扳手放置到锁紧位置。

　　（2）通过 USB 连接好 GDuino UNO 和计算机，打开 Arduino IDE 环境，依次选择"文件"→"示例"→Arduino ISP，打开 Arduino ISP 工程，不需要对工程做任何的改动，直接编译上传到 GDuino UNO。

　　（3）在 Arduino ISP 工程中依次选择"工具"→"编程器"→Arduino as ISP，此时 GDuino UNO 就具备了 ISP 下载器的功能，就能通过 ISP 扩展板对目标芯片实现 bootloader 的固化。

　　（4）同样在 Arduino ISP 工程下，依次选择"工具"→"烧录引导程序"，此时 GDuino UNO 就通过 ISP 扩展板对活动芯片座上的芯片自动进行引导程序 bootloader 的下载，等待 Arduino IDE 状态栏显示"上传成功"，表示引导程序下载成功。

　　如果需要进行批量的 bootloader 下载，只需要更换 ISP 扩展板上的芯片，重复上述步骤中的第（4）步。在引导程序下载过程中，ISP 扩展板的程序下载"PRG"状态灯会亮起，当

bootloader 下载完成后,"PRG"状态灯又会熄灭,使用者可以根据此状态灯来判断程序是否下载完成。同样,如果在下载过程中出现错误,下载错误"ERR"状态灯会亮起,这些过程状态灯为下载过程中快速判断是否下载成功提供了便捷途径。

使用 ISP 扩展板进行引导程序 bootloader 的下载除了图 6.14 的连接方式,还可以利用 ISP 连接扩展口直接连接需要下载 bootloader 的 GDuino UNO,如图 6.15 所示,注意连接时区分 ISP 插座的正反两面,否则会引起下载失败甚至烧毁芯片的后果。在此种连接方式下,bootloader 引导程序的下载步骤与上述一致。完成引导程序 bootloader 下载的芯片就是一个完整的 Arduino 芯片,可以安装在 GDuino UNO 上,通过 Arduino IDE 完成程序的上传,实现对应的功能。

图 6.15　通过 ISP 连接口连接 ISP 扩展板和 GDuino UNO

6.6　创新进阶实战:可见光浊度检测实验

基于上述多个基础实验的学习,已经了解到 Arduino UNO 的开发流程和外围电路搭建基本方法。此时,可以把聚焦点转移到对日常生活环境的观察上,尝试完成一个涉及多学科的创新探究性进阶实验。

对于与人类生活息息相关的饮用水和生活用水来说,浊度是非常重要的水质参数,它所反映的是不溶性悬浮颗粒引起的水的透明度。如果人类不慎饮用较高浊度的水,在一定程度上会引起健康问题。本实验立足于饮用水和生活用水的水质监测,设计一个基于 Arduino 的可见光浊度检测仪,确保用水浊度满足浊度水平标准值(国家标准 GB5749—2006《生活饮用水卫生标准》规定不超过 1.0NTU)。

1. 实验硬件准备

使用 Arduino UNO 主板、恒流源、中心波长为 680 nm 的 LED、TSL2581 光电传感器、0.91 寸 128×32 OLED 显示屏、30 mm 比色皿及若干电阻、电容、按键等搭建实验连接图，如图 6.16 所示。

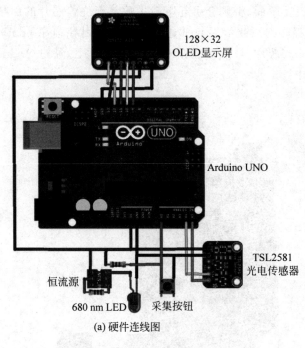

(a) 硬件连线图

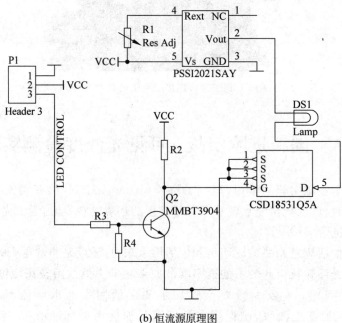

(b) 恒流源原理图

图 6.16 浊度仪实验连接图和恒流源原理图

（1）恒流源

根据国家标准 GB/T 13200—1991《水质　浊度的测定》对光源的规定,本实验使用中心波长为 680 nm 的 LED 替代卤素灯作为浊度仪的光源。窄波长 LED 相对于卤素灯有诸多优点,除不需要单色器外,系统功耗低、成本低、稳健性强、仪器更加简单化和小型化,但由于 LED 的电压-电流关系近似指数,微小的电压波动都会引起很大的电流变化,导致光强波动。因此,本实验设计了恒流源驱动电路,向 LED 输出恒定的电流,保证半导体二极管的 PN 结工作在安全范围内,维持稳定的发光功率。

恒流源选用 Nexperia 半导体公司的恒流源芯片 PSSI2021SAY 进行设计,电路原理图如图 6.16(b)所示。PSSI2021SAY 是一款单芯片恒流源,其将二极管和晶体管封装在一起做温度补偿,温漂仅有 0.15%/K;且使用方便,只需要外接一个可调电阻便能实现 15 μA～50 mA 的可调电流源。NPN 三极管和低导通电阻的 N 沟道 MOS 晶体管构成开关控制电路,可程序控制 LED 光源,方便进行暗电流采集。

（2）光电传感器

本实验使用 TAOS 公司的集成式光电芯片 TSL2581 完成对光强的测量。TSL2581 是一款高灵敏度的光数字转换器,其可将光强度直接转换为 I^2C 接口的数字信号输出。TSL2581 的感光区域由一个宽带光电二极管和一个红外响应光电二极管组成,每个光电二极管均独立拥有一个 16 位的积分式 ADC,可将每个通道上测量的辐射强度转换为数字输出;内部集成了可编程放大器,能提供 $1～10^6$ 的动态测量范围。该器件无需设计外部信号调理电路,就可以轻松连接到微控制器,不仅提高了系统稳定性,而且还节省了 PCB 空间。

（3）显示模块

为能够实时显示浊度测定数据,本实验设计了尺寸大小为 0.91 寸的 OLED 点阵图形显示屏。显示屏分辨率为 128×32,内部驱动控制器为 SSD1306。其中,SSD1306 是单片 CMOS OLED 驱动芯片,集成对比控制器、128×64 位显示 RAM、晶振和 256 级亮度调节器等,提供 6800/8000 并行通信口、I^2C 总线和 SPI 总线等多种数据传输接口。并行通信速度快,但需要较多的 I/O 口;串行通信虽然速度相对较慢,但只需要很少的 I/O 口便可完成通信。本实验为强化学生对串行总线的学习,选用 SPI 总线作为 OLED 显示屏和主控器之间的通信接口。

2. 理论学习

（1）浊度仪实验原理

当一束光射向水体中遇到浊度的不溶性悬浮颗粒时,会发生光的吸收、透射和散射等作用。其中,被吸收的光会转换为颗粒物的内能,该部分光能损耗较难直接测量。因此,目前基于光电测量原理设计的浊度仪按照光路接收结构可分为两大类:透射法和散射法,原理如图 6.17 所示。

以现行国家标准 GB/T 13200—1991《水质浊度的测定》规定的浊度测定方法为参考,本实验采用透射法进行设计。透射法也叫分光光度法,其物

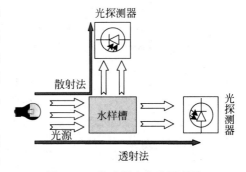

图 6.17　浊度测定方法原理图

质定量的理论基础是朗伯-比尔定律,即当一束光垂直通过某溶液时,入射光强度 I_0、透射光强度 I、溶液的浓度 c 和液层的厚度 b 满足式(6-1)所示关系,K 为常数:

$$\lg \frac{I_0}{I} = Kbc \qquad (6\text{-}1)$$

通常定义吸光度为 $A = \lg(I_0/I)$,因此式(6-1)可记为 $A = Kbc$。在此实验中,c 为待测溶液的浊度,可知浊度 c 与吸光度 A 成正比。由于入射光强 I_0 恒定不变,因此,可通过测量透射光强度 I 求解吸光度,进而获得溶液的浊度。

朗伯-比尔定律为透射法提供了定量理论基础,要完成对浊度的准确测定还需配合相关的定量测定方法。本实验采用标准曲线法完成浊度测定。标准曲线法也称为工作曲线法,是分析化学中较为常用的一种定量方法。在本实验中,其主要分为 3 步,如图 6.18 所示:①配制一系列浊度不等的标准样品,浊度范围需包含未知溶液的浊度;②在相同条件下分别测量标准样品的吸光度,并采用最小二乘法进行曲线拟合,求解线性回归方程($y = ax + b$,x 和 y 分别为浊度和吸光度);③最后,在相同条件下测量待测样品的吸光度 A_x,根据回归方程求解出相应的浊度 C_x,完成测定。

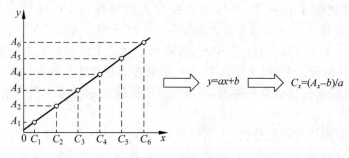

图 6.18 标准曲线法

(2) 软件设计流程

实验软件设计流程如图 6.19 所示,分为模块初始化、暗电流采集、空白溶液光强度采集、吸光度计算等 4 部分。其中空白溶液光强度的采集,需要判断是否发生按键事件,决定

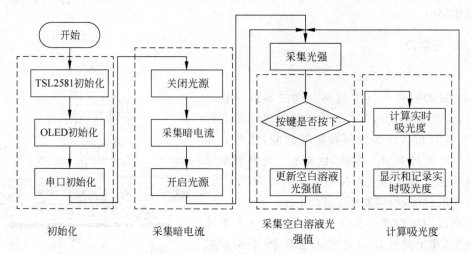

图 6.19 实验软件设计流程图

是否将当前光强值记为入射光强度 I_0。实时采集的光强度记为 I,根据朗伯-比尔定律计算实时吸光度 A,并分别通过 OLED 显示屏和串口完成数据显示和记录。

3. 实验步骤及结果

(1) 浊度标准液的配置

所用试剂如无特殊说明均为分析纯试剂。实验用水为超纯水(电阻率 ≥18.2 MΩ·cm)。参考国家标准 GB/T 13200—1991,使用 0.2 μm 滤膜过滤超纯水,作为零浊度水。400 NTU 浊度标准储备液:① 分别配制 10 g/L 硫酸肼溶液(试剂 A)和 100 g/L 六次甲基四胺溶液(试剂 B);② 分别吸取 5 mL 试剂 A 和 5 mL 试剂 B 并置于 100 mL 容量瓶中,摇匀混合,置于 (25±3)℃ 下反应 24 h;③ 冷却后,用零浊度水稀释至 100 mL,此溶液浊度定义为 400 NTU。

(2) 实验步骤

① 分别吸取 0 mL、0.50 mL、1.25 mL、2.50 mL、5.00 mL、10.00 mL 和 12.50 mL 浊度标准储备液于 50 mL 比色管中,并使用零浊度水稀释定容至 50 mL,配制浊度依次为 0 NTU、4 NTU、10 NTU、20 NTU、40 NTU、80 NTU 和 100 NTU 的标准使用液。

② 将零浊度溶液置于所设计的浊度仪中,触发按键,将浊度仪调零。

③ 将各浊度标准使用液置于浊度仪,在同种实验条件下测量,记录吸光度。

④ 以吸光度 (A) 为纵坐标,浊度 (NTU) 为横坐标,绘制标准工作曲线。

(3) 结果与讨论

按上述步骤设计的浊度仪工作状态实物图和标准工作曲线参照如图 6.20(a) 所示。若所设计的浊度仪工作曲线趋近符合图 6.20(b),根据线性拟合方程的决定系数 ($R^2 = 0.9996$) 可看出,线性良好;在浊度为 40 NTU 时,RSD 小于 1%(0.59%,$n=7$),精密度良好。那么,此实验结果的浊度仪符合指标要求,能够在 0~100 NTU 的样品中精确地对浊度进行测量,从而实现对饮用水和生活用水水质监测的目的。

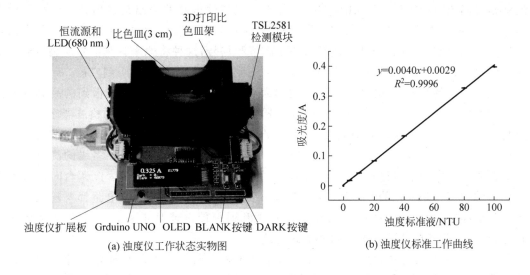

(a) 浊度仪工作状态实物图　　　　(b) 浊度仪标准工作曲线

图 6.20　浊度仪工作状态实物图和标准工作曲线

第7章

CHAPTER 7

收音机原理及组装

广播电台播出节目时,声音通过话筒转换成音频电信号,经放大后被高频信号(载波)调制,这时高频载波信号的某一参量随着音频信号的变化做出相应的改变,使要传送的音频信号包含在高频载波信号之内,高频信号再经放大,然后高频电流流过天线时,形成以3×10^8 m/s速度向外传输的无线电波。这种无线电波被收音机天线接收,然后经过放大、解调还原为音频电信号,送入喇叭音圈中,引起纸盆相应的振动,就可以还原声音,即是声电转换—传送—电声转换的过程。

7.1 超外差式收音机原理

收音机原理就是把从天线接收到的高频信号经解调提取出音频信号,送到扬声器变成声音。由于广播事业发展,天空中有了很多不同频率的无线电波。如果把这些不同频率的无线电波无选择地进行接收,则收音机发出来的"声音"基本无辨识性,甚至完全听不到有效的信息。为了使得收音机在接收信号的时候更加具有选择性,在接收天线后有一个选择性电路,它的作用是把所需的信号(电台)挑选出来,并把不需要的信号"滤掉",以免产生干扰,这就是我们收听广播时,所使用的"选台"按钮。选择性电路的输出是选出某一频率的广播信号,由于该广播信号是高频载波信号(信号频率远高于声音信号的频率),所以不能利用它直接推动扬声器,因此必须把它恢复成原来的音频信号,这种将原来音频信号从高频载波中还原的过程称为解调,把解调出来的音频信号送到扬声器,就可以收听到广播。

上面所讲的是最简单的收音机,又被称为直接检波机。从接收天线得到的高频载波信号一般非常微弱,不适于直接把它送到检波器中,因此需要在选择电路和检波器之间插入一个将高频信号进行放大的高频放大器,这一类型的收音机称为高放式收音机。在高放式收音机中需要把从天线接收到的高频信号放大几百甚至几万倍,因此需要多级的高频放大电路对接收到的高频信号进行放大。不同电台的节目频率是不一样的,因此调台时接收到高频信号的频率也是变化的,所以收音机中每一级高频放大电路的谐振电路都要随之重新调整。然而高频放大电路在每次调整后的选择性和通频带很难保证完全一样,为了克服这些缺点,现在的收音机几乎都采用超外差式电路。

1918年美国无线电工程师埃德温·霍华德·阿姆斯特朗利用超外差原理发明了超外差式收音机。超外差原理是在接收机内增加一个可变的振荡器,用以产生一个被称为本机振荡信号(简称本振)的正弦信号。不管接收到的高频信号的频率是多少,本振信号和接收到的高频信号混合产生一个频率固定的中频信号(AM为465 kHz,FM为10.7 MHz)。将该中频信号送入中频放大器中放大,然后再进行解调,提取出所需要的音频信号。为了使收音机本振频率和接收电台信号的频率永远相差一个中频,选择电路和本振电路采用统一调谐线,比如使用同轴的双联电容器(PVC)进行调谐,使得选择电路频率改变时,本振频率也随之改变,两者之差保持固定的中频数值。

由于中频信号的频率固定且比高频载波信号的频率低得多,因此中频放大电路的增益可以做得较大,工作也比较稳定,通频带特性也可做得比较理想,这样可以使解调电路获得足够大的信号,从而使整机输出音质较好的音频信号。

超外差式收音机的中频放大电路采用了固定调谐的电路,这使它比其他收音机优越得多,综合起来有如下优点:

(1)用作放大的中频信号,可以选择那些易于控制的、有利于工作的频率(我国采用的中频频率为 465 kHz 和 10.7 MHz),以适合于管子和电路的性质,能够得到较为稳定和最大限度的放大。

(2)各个波段的输入信号都变成了固定的中频,电路将不因外来频率的差异而影响工作,这样各个频带就能够均匀地放大,这对于频率相差很大的高频信号来说,是特别有利的。

(3)如果外来信号频率和本机振荡频率的差不是预定的中频,就不可能进入放大电路。因此在接收一个需要的信号时,混进来的干扰电波首先就在变频电路被剔除掉,加之中频放大电路是一个调谐好了的带有滤波性质的电路,所以收音机的选择性指标很高。

7.2　HX203T FM/AM 收音机

HX203T 调频调幅收音机是以芯片 CXA1191M 为主体,加上少量外围元器件构成的微型低压收音机。

CXA1191M 集成电路采用 28 脚双列扁平封装,推荐工作电源电压范围为 2～7.5 V,当用于电源电压 $V_{CC} = 6$ V、负载为 8 Ω 的扬声器时,音频输出功率是 500 mW。CXA1191M 芯片除设有调谐指示 LED 驱动器、电子音量控制器之外,还设有 FM 静噪等特殊功能。芯片内部框图和引脚排列如图 7.1 所示。

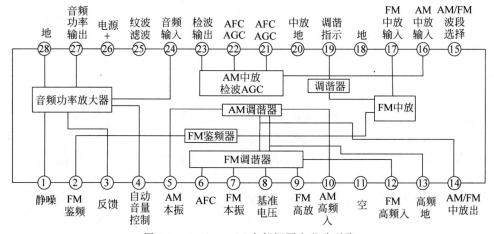

图 7.1　CXA1191M 内部框图和芯片引脚

7.2.1 HX203T 原理分析

HX203T 是 AM/FM 收音机,其原理图如图 7.3 所示。对于调频 FM、调幅 AM 的功能转换是通过 CXA1191M 的 15 脚外接的 AM/FM 转换开关 S_1 实现的,当 15 脚接地为 AM 波段,若外接电容时为 FM 波段。

1. 调幅(AM)电路的基本工作原理

调幅(AM)收音机的电路由输入回路、本振回路、混频回路、中频放大回路、检波回路、AGC(自动增益控制回路)和低频功率放大回路构成,如图 7.2 所示。

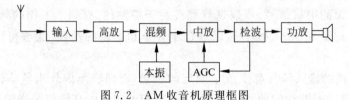

图 7.2 AM 收音机原理框图

在 HX203T 收音机的原理图 7.3 中,由调幅天线线圈 T_1 和四联可变电容 C_0、微调电容 C_{01} 组成的调谐回路,通过改变四联可变电容 C_0 的容值,实现选择接收 $535\sim1605\,\text{kHz}$ 频率范围内的电台信号,所接收信号送至 CXA1191M 第 10 脚。本振信号由中频变压器(中周) T_2、四联可变电容 C_0、微调电容 C_{04}、电容 C_4 及 CXA1191M 第 5 脚的内部电路组成本机振荡电路,并与由 CXA1191M 第 10 脚送入的调幅广播信号在 CXA1191M 内部进行混频,混频后产生的中频信号由 CXA1191M 第 14 脚送出,经过中频变压器 T_3 组成的中频选频网络及 $465\,\text{kHz}$ 陶瓷滤波器 CF_1、CF_3 双重选频,得到 $465\,\text{kHz}$ 中频调幅信号后,将该中频信号耦合到 CXA1191M 第 16 脚进行中频放大,放大后的中频信号在 CXA1191M 内部的检波器中进行检波,检波输出的音频信号由 CXA1191M 的第 23 脚输出,通过耦合电容 C_{12} 进入 CXA1191M 第 24 脚进行音频功率放大,放大后的音频信号由 CXA1191M 第 27 脚输出,经耦合电容 C_{17} 送至耳机插座和扬声器。

2. 调频(FM)电路的基本工作原理

调频电路由输入、高放、本振、混频、中放、鉴频、自动频率控制(AFC)及低频放大等电路模块构成,如图 7.4 所示。

如图 7.3 所示,拉杆天线接收到的调频广播信号,经 C_1 耦合到芯片 CXA1191M 的第 12 脚进行高频放大,放大后的高频信号被送到 CXA1191M 的第 9 脚,由接 CXA1191M 第 9 脚的磁芯线圈 L_1、四联可变电容 C_0 和微调电容 C_{03} 组成调谐回路,对接收到的高频信号进行选择后在 CXA1191M 内部进行混频。调频接收电路的本振信号由振荡线圈 L_2 和四联可变电容 C_0、微调电容 C_{02} 与芯片第 7 脚相连的内部电路组成的本机振荡器产生,在 CXA1191M 内部与高频信号混频后,由 CXA1191M 的第 14 脚输出,经 R_6 耦合至 $10.7\,\text{MHz}$ 的陶瓷滤波器 CF_4 得到的 $10.7\,\text{MHz}$ 中频调频信号,$10.7\,\text{MHz}$ 的中频信号由 17 脚进入 CXA1191M 进行中频放大、鉴频后得到的音频信号由 CXA1191M 的第 23 脚输出,音频信号经由 C_{12} 的耦合进入 CXA1191M 的第 24 脚进行放大,放大后的音频信号由 CXA1191M 的第 27 脚输出至耳机插孔或推动扬声器发声。

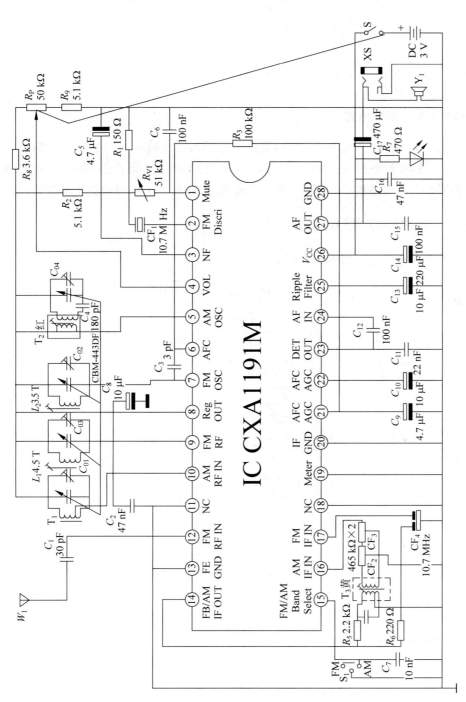

图 7.3　HX203T 收音机电路原理图

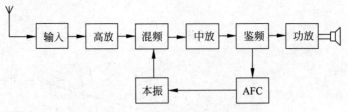

图 7.4 FM 收音机原理框图

3. AGC 和 AFC 控制电路

CXA1191M 的 AGC(自动增益控制)电路由芯片内部电路和接于第 21 脚、第 22 脚的电容 C_9、C_{10} 组成,控制范围可达 45 dB 以上。AFC(自动频率微调控制)电路由 IC 的第 21 脚、第 22 脚所连内部电路和 C_3、C_9、R_3 所连电路组成,它能使 FM 波段接收频率稳定。

7.2.2 HX203T 整机装配

HX203T 整机安装流程如图 7.5 所示。

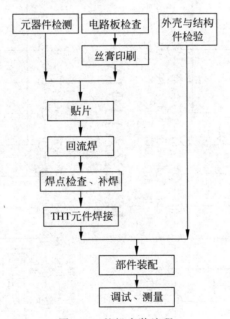

图 7.5 整机安装流程

1. 元器件清点与检验

(1) 清点元器件:对照元器件清单清点收音机的器件。

(2) 为提高整机产品的质量和可靠性,在整机装配前,所有的元器件都必须经过检验。检验的内容包括静态检验和动态检验两项。静态检验就是外观检验,检验元器件表面有无损伤、变形等。动态检验就是通过仪器仪表(通常使用万用表)检查元器件是否符合规定的技术条件,有无残次品混入。

2．元器件的整形准备

装配前，请将下列器件按图 7.6 要求整形准备好。

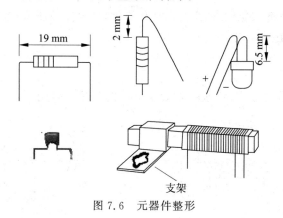

图 7.6　元器件整形

3．元器件焊接步骤

（1）先焊贴片电容、电阻和芯片。

（2）再焊接中周、电解电容、陶瓷滤波器。

（3）安装四联、天线线圈，注意四联的 FM 联的中间有两个引脚，而 AM 联中间只有一个引脚，注意天线接法。

（4）焊开关电位器、电池夹连接线、喇叭插孔连接线。

4．总装

（1）将四联安装在印制电路板正面，将天线组合件上的红色支架放在印制电路板反面四联上，用两只 M2.5×5 螺钉将其固定，并将四联引脚超出电路板部分弯脚后焊牢，安装时注意 AM、FM 联方向，如图 7.7 所示。

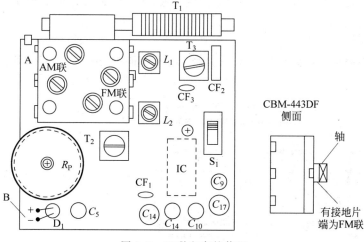

图 7.7　四联电容的装配

（2）中波天线线圈的焊接，线3焊接于四联AM天线联，线1焊接于四联中间接线点，线2焊接于IC第10脚(AM RF IN)，如图7.6所示。

（3）将拉杆天线压簧片插入四联左边A点孔内并焊好。

（4）将加工好的发光二极管按图7.7中B所示，从电路板正面插入孔内，待发光管的红色部分完全露出线路板时焊接。

5. 前框准备

（1）按图7.8所示的方法，将喇叭安装于前框的定位圆弧内。

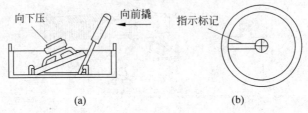

（a）　　　　　（b）

图7.8　喇叭与刻度盘的装配图

（2）如图7.9所示，将耳机插孔用螺母固定在机壳相应位置；插上正极片与负极弹簧，将图中带箭头处焊牢；焊上相应导线，并接入印制板相应位置。

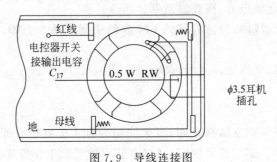

图7.9　导线连接图

（3）调谐盘安装在四联轴上并用M2.5×3螺钉固定，如图7.8(b)所示。

6. 后盖准备

（1）将组装完毕的电路板按照图7.10(a)装入前框，注意一定要安装到位。

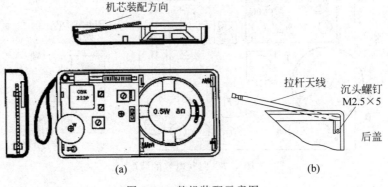

（a）　　　　　（b）

图7.10　整机装配示意图

（2）用自功螺钉 M2.5 将电路板固定于机壳。

（3）按图 7.10(b)所示装好天线。

7.2.3　装配技术要求

（1）元器件的标识方向应按照图纸规定的要求,安装后能看清元件上的标识。若装配图上没有指明方向,则应尽量使标识向外,易于辨认。

（2）元件的安装高度应符合规定,同一规格的元器件应尽量安装在同一高度上。

（3）元器件的安装顺序一般为先低后高,先轻后重,先易后难,先一般元器件后特殊元器件。

（4）元器件在印制电路板上不允许斜排、立体交叉和重叠排列。元器件外壳和引线不得相碰,要保证 1 mm 左右的安全间隙。

（5）元器件的引线穿过焊盘后应至少保留 2 mm 以上的长度。建议不要先把元器件的引线剪断,而应待焊接好后再剪断元件引线。

（6）装配过程中,不能将焊锡、线头、螺钉、垫圈等导电异物落在机器中。

7.2.4　HX203FM/AM 收音机调试

由于收音机元件参数的分散性、元件引脚和电路板的分布电容、电感,使收音机装配好后或更换接收回路、变频回路、中放回路后,都必须经过调试才能正常使用。否则会出现灵敏度低、选择性差、镜像频率等区分能力弱和输出功率低的现象。收音机的调试分为静态调试和动态调试。

注意：灵敏度表示收音机接收微弱信号的能力。选择性表示收音机挑选电台的能力,选择性越好,其他电台越不易混进来。镜像信号是比正常接收信号频率高 $2f_0$ 的干扰信号,f_0 是固定中频。

1. 静态调试

收音机无信号输入时,对各单元放大电路静态工作点进行调试和测量。因为收音机是单片集成电路(CXA1191M),它集成了收音机的高放、混频、中放、解调、低放、功放全部电路,所以静态调试只需一些相应测试,这些测试的对象是整机电阻、电流及集成电路各引脚的工作电压,以判断收音机是否正常工作。

1) 整机电阻的测试

不装电池,万用表电阻 $R \times 1$ kΩ 挡,红表笔接 IC 块 26 脚,黑表笔接地。万用表指针稳定后,读出整机电阻值。如万用表显示为无穷大,即开路,应是 IC 块 26 脚虚焊所引起。如万用表显示为 0 Ω,即短路,应是 IC 块 26 脚与地搭焊或 IC 块短路损坏或其他元器件对地短路,必须将对地短路处找出并处理后才能开机。

2) 整机电流的测试

接好电池,收音机的开关断开,红黑表笔分别接开关电位器开关引脚处,万用表置电流50 mV 挡。波段开关分别置 FM 和 AM 时,测出 FM 和 AM 波段静态电流。

注意：如果电流远远超过参考值,说明有严重短路,应立即断开电源,否则可能造成元器件的损坏，特别是集成电路的损坏。

3）CXA1191M 各引脚直流工作电压的测定

打开收音机，万用表置电压挡，黑表笔接地，红表笔依次接 CXA1191M 各引脚，测出 FM 波段和 AM 波段的电压值。

4）试听

在总电流值正常时，将波段开关分别拨至 FM 或 AM 处，调大音量电位器，调节四联可变电容的调谐拨盘可收听广播，若能收到不同电台的广播，说明收音机的装配和焊接基本正确，可进行动态调试，若收不到或根本无声，应回到第(1)步，重新检查并找出故障所在，逐一排除，最终完成静态调试。

如收音机能收到电台，可先调整 R_{V1} 电位器使收音机噪声最小。

2．动态调试

收音机在接收信号时，对各单元放大电路频率特性进行调试。收音机动态调试分为中频校正、刻度调整和统调。

(1) 中频校正：调整中放负载选频回路，使中频变压器的谐振频率为中频（AM 波段为 465 kHz，FM 波段为 10.7 MHz），保证中频信号充分地放大。中频校正对收音机的灵敏度有决定性的影响。

(2) 刻度调整：通过调整本振回路达到调整收音机接收频率范围（AM 波段为 525～1605 kHz，FM 波段为 88～108 MHz）的目的，调整的结果使收音机的刻度盘频率与实际电台频率相一致。

(3) 统调：调整收音机的输入回路，使收音机在接收任何频率的信号时，本振频率都比输入信号频率高一个固定中频，这样可以保证在整个接收波段都有较好的接收灵敏度。一般在接收范围内选 3 个频率点来进行调整（AM 波段为 600 kHz、1000 kHz、1500 kHz，FM 波段为 90 MHz、100 MHz、106 MHz）。

3．动态调试步骤

1）调试设备

AM/FM 高频信号发生器一台、电子毫伏表一台（或示波器）、无感螺丝刀一把。

2）动态调试条件

当收音机能接收到电台，则可以进行动态调试。如不能接收到电台，满足下列条件，也可以进行动态调试：

(1) AM 波段：手握螺丝刀的金属部分碰触 IC 块的第 5 脚，应有干扰声，说明本振电路正常；再碰 IC 块的第 10 脚，也应有干扰声，说明输入回路正常。可进行 AM 波段动态调试。

(2) FM 波段：手握螺丝刀的金属部分碰触 IC 块的第 7 脚，应有干扰声，说明本振电路正常；再碰 IC 块的第 9 脚，也应有干扰声，说明输入回路正常，可进行 FM 波段动态调试。

3）动态调试步骤方法

(1) AM 波段的调试：仪表连接见图 7.11，调试步骤见表 7.1。

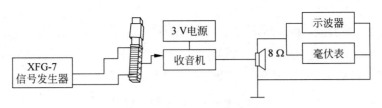

图 7.11　AM 调试接线图

表 7.1　AM 调试步骤

调试项目	高频信号发生器	收音机	毫伏表	调整
中频校正	调制方式置于 AM,载波调到 465 kHz,输出调到 10 mV,调制频率选 1000 Hz,调制度为 30%,输出接到磁棒天线上	四联可变电容调到刻度盘指示最小处,听到 1000 Hz 声音	接收音机输出,即扬声器的两端	调整中频中周 T_3(黄色磁帽),使解调出的 1000 Hz 声音最响最清晰。毫伏表指示最大(在调节中周的过程中出现的最大位置)
刻度调整	调制方式置于 AM,载波调到 525 kHz,输出调到 10 mV,调制频率选 1000 Hz,调制度为 30%,输出接到磁棒天线上	四联电容调到刻度盘指示最小处,听到 1000 Hz 声音		调整本振回路中周 T_2(红色磁帽),使调出的 1000 Hz 声音最响最清晰。毫伏表指示最大(在调节中周的过程中出现的最大位置)
	调制方式置于 AM,载波调到 1605 kHz,输出调到 10 mV,调制频率选 1000 Hz,调制度为 30%,输出接到磁棒天线上	四联电容调到刻度盘指示最大处,听到 1000 Hz 声音		调整本振回路微调电容 C_{04},使解调出的 1000 Hz 声音最响最清晰。毫伏表指示最大(在调节电容的过程中出现的最大位置)
统调	调制方式置于 AM,载波调到 600 kHz,输出调到 10 mV,调制频率选 1000 Hz,调制度为 30%,输出接到磁棒天线上	四联电容调到刻度盘指示 600 Hz(毫伏表指示最大),听到 1000 Hz 声音		调整输入回路天线 T_1 在磁棒上的位置,使解调出的 1000 Hz 声音最响最清晰。毫伏表指示最大(在调节中周的过程中出现的最大位置)
	调制方式置于 AM,载波调到 1500 kHz,输出调到 10 mV,调制频率选 1000 Hz,调制度为 30%,输出接到磁棒天线上	四联电容调到刻度盘指示 1500 Hz 处(毫伏表指示最大),听到 1000 Hz 声音		调整输入回路微调电容 C_{01},使解调出的 1000 Hz 声音最响最清晰。毫伏表指示最大(在调节元件的过程中出现的最大位置)

　　注意:对表 7.1 的注意事项作如下说明:①AM 中频校正频率为 465 kHz。由于本机使用陶瓷滤波器 CF_2、CF_3(465 kHz),所以只需要调整中频变压器 T_3(黄色)即可。②刻度调整,也称频率覆盖范围调整,AM 中波的频率范围是 525~1605 kHz,在生产中为了满足规定的频率覆盖范围,在设计和调试时,此规定的要求都应该略有余量。③统调也称灵敏度、调外差跟踪、调补偿。目的是使接收灵敏度、整机灵敏度的均匀性以及选择性达到最好的程度。在 AM 中波端,通常取 600 kHz、1000 kHz、1500 kHz 3 个统调点,所以有时也称为 3 点统调。3 个调试项目,顺序不能调整,每个项目应该重复几次才能调整到最佳状态。④FM 波段的调试:FM 调试仪表接法与 AM 基本相同,只是将高频信号发生器输出接到拉

杆天线端。

（2）FM波段的调试：FM的中频为10.7 MHz。由于本机使用陶瓷滤波器CF_1、CF_4（10.7 MHz），使FM波段中频频率不需调整便能准确校准于10.7 MHz上，使FM的通频带和选择性都能得到保证。FM刻度调整与统调步骤见表7.2。

表7.2　FM刻度调整与统调步骤

调试项目	高频信号发生器	收 音 机	毫伏表	调 整
刻度调整	调制方式置于FM，载波调到88 MHz，输出调到40 μV，调制频率选1000 Hz，频偏为40 kHz，输出接到拉杆天线上	调四联可变电容全部旋入（低端）	接收音机输出，即扬声器两端	调整本振回路电感L_2的磁芯，使解调出的1000 Hz声音最响最清晰。毫伏表指示最大（在调节过程中出现的最大位置）
	调制方式置于FM，载波调到108 MHz，输出调到40 μV，调制频率选1000 Hz，频偏为40 kHz，输出接到拉杆天线上	四联可变电容全部旋出（高端）		调整本振回路微调电容C_{02}，使解调出的1000 Hz声音最响最清晰。毫伏表指示最大（在调节过程中出现的最大位置）
统调	调制方式置于FM，载波调到90 MHz，输出调到40 μV，调制频率选1000 Hz，频偏为40 kHz，输出接到拉杆天线上	四联可变电容全部旋入后，再回旋看毫伏表指示最大点		调整输入回路电感L_1的磁芯，使解调出的1000 Hz声音最响最清晰。毫伏表指示最大（在调节过程中出现的最大位置）
	调制方式置于FM，载波调到106 MHz，输出调到40 μV，调制频率选1000 Hz，频偏为40 kHz，输出接到拉杆天线上	四联可变电容全部旋出后，再回旋看毫伏表指示最大点		调整输入回路微调电容C_{03}，使解调出的1000 Hz声音最响最清晰。毫伏表指示最大（在调节过程中出现的最大位置）

7.3　2031收音机原理与装配

2031收音机电路的核心是单片收音机集成电路SC1088，它采用特殊的低中频（70 kHz）技术，外围电路省去了中频变压器和陶瓷滤波器，使电路简单可靠，调试方便。

7.3.1　2031收音机原理

2031的电路原理图如图7.12所示，可分为以下4个部分。

（1）FM信号输入：如图7.12所示，调频信号由耳机线经过由电容C_{14}、C_{15}和电感L_3组成的输入电路，从芯片的11、12脚进入芯片。此时的FM信号没有调谐信号，即所有调频电台信号均可进入。

（2）本振调谐电路：本振电路中关键元器件是变容二极管，它是利用PN结的结电容与偏压有关的特性制成的"可变电容"。如图7.13(a)所示，变容二极管加反向电压U_d，其结电容C_d与U_d的特性如图7.13(b)所示。这种电压控制的可变电容广泛用于电调谐、扫频等

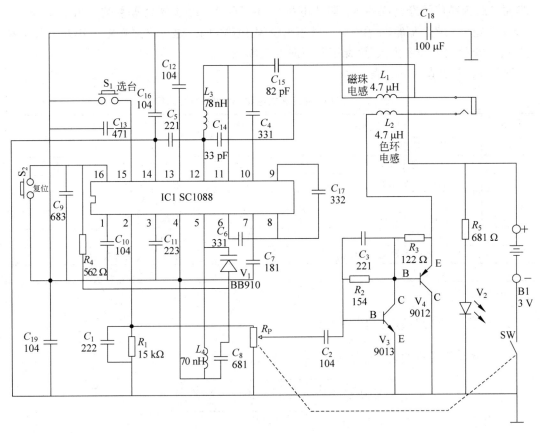

图 7.12　2031 收音机电路原理图

电路。在本电路中,控制变容二极管 V_1 的电压由芯片的第 16 脚给出。当按下扫描开关 S_1 时,IC 内部的 RS 触发器打开恒流源,由 16 脚向电容 C_9 充电,C_9 两端电压不断上升,电压由 R_4 到变容二极管 V_1。变容二极管 V_1 的电容量不断变化时,由 V_1、C_8、L_4 构成的本振电路的频率不断地变化从而达到调谐选台的目的。当收到电台信号后,信号检测电路使芯片内部的 RS 触发器

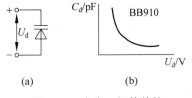

图 7.13　变容二极管特性

翻转,恒流源停止对 C_9 充电,同时在 AFC(automatic frequency control)电路作用下,锁住所接收的广播节目频率,从而可以稳定接收电台广播,直到再次按下 S_1 开始新的搜索。当按下 reset 开关 S_2 时,电容 C_9 放电,本振频率回到最低端。

(3) 中频放大、限幅与鉴频:电路的中频放大、限幅及鉴频电路的有源器件及电阻均在芯片的内部。FM 广播信号和本振电路信号在 IC 内混频器中,混频产生 70 kHz 的中频信号,经内部 1 dB 放大器、中频限幅器,送到鉴频器检出音频信号,经内部环路滤波后由 2 脚输出音频信号。电路中 1 脚的 C_{10} 为静噪电容,3 脚的 C_{11} 为 AF(音频)环路滤波电容,6 脚的 C_6 为中频反馈电容,7 脚的 C_7 为低通电容,8 脚与 9 脚之间的电容 C_{17} 为中频耦合电容,10 脚的 C_4 为限幅器的低通电容,13 脚的 C_{12} 为限幅器失调电压电容,C_{13} 为滤波电容。

(4) 耳机放大电路:由于耳机收听所需功率很小,本机采用了简单的晶体管放大电路,

2 脚输出的音频信号经电位器 R_P 调节电量后,由 V_3、V_4 组成复合管甲类放大。R_1 和 C_1 组成音频输出负载,线圈 L_1 和 L_2 为射频与音频隔离线圈。这种电路耗电大小与有无广播信号以及音量大小关系不大,因此不收听时要关断电源。

SC1088 各引脚功能见表 7.3。

表 7.3   FM 收音机集成电路 SC1088 引脚功能

引脚	功　　能	引脚	功　　能
1	静噪输出	9	IF 输入
2	音频输出	10	IF 限幅放大器的低通电容器
3	AF 环路滤波	11	射频信号输入
4	VCC	12	射频信号输入
5	本振调谐回路	13	限幅器失调电压电容
6	IF 反馈	14	接地
7	1dB 放大器的低通电容器	15	全通滤波电容搜索调谐输入
8	IF 输出	16	电调谐 AFC 输出

7.3.2   2031 收音机装配

2031 贴片收音机的装配流程如图 7.14 所示。

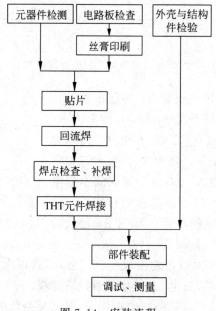

图 7.14   安装流程

1. 电路板检查

电路板检查主要是要对照图 7.15,观察 PCB 的铜箔走线是否有断线、短路等线路缺陷,表面阻焊层是否完整;板上的焊接孔、安装孔的孔位尺寸是否有误。

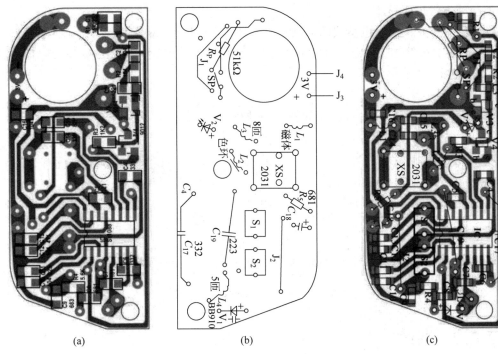

图 7.15　2031 收音机安装示意图

(a) SMT 贴片安装图；(b) THT 插件安装图；(c) SMT、THT 综合安装图

2．元器件检测

按照表 7.5 所示清单，核对检查零件规格及数量后，根据第 1 章的知识进行元器件的测量以确保器件完好性。在检测的过程中尤其要注意：

(1) 电位器阻值是否可调。

(2) LED、线圈、电解电容、插座、开关的好坏。

(3) 判断变容二极管的好坏及极性。

3．贴片

电路板刷好焊膏后注意目测焊膏情况，在焊锡膏完好的情况下，用镊子将贴片器件放置在相应的焊盘上，在放置的过程中应注意：

(1) 芯片 SC1088 放置时一定要确保芯片 1 脚对应到电路板芯片封装 1 脚的位置。

(2) 贴片电容表面没有标志，一定要保持准确贴到指定位置，不能把电容搞混。

(3) 贴片电阻表面有标示的一面在贴装时朝上。

(4) 放置贴片器件时要以焊盘位置为准，不要以锡膏位置为准。

4．焊接通孔器件

(1) 跨接线 J_1、J_2（可用剪下的元件引线）。安装并焊接电位器 R_P，注意电位器与印制板平齐。

(2) 耳机插座 XS（请在将耳机插头插入耳机插座中的状态下进行焊接，才能保证耳机插座不会因为过热而损坏)。

(3) 轻触开关 S_1、S_2、电感线圈 $L_1 \sim L_4$(磁环 L_1,色环 L_2,8 匝线圈 L_3,5 匝线圈 L_4)。

(4) 变容二极管 V_1(注意极性方向标记),变容二极管的特性详见图 7.13,其引脚极性如图 7.16 所示。

(5) 电解电容 C_{18}(100 μF)贴板装。

(6) 发光二极管 V_2,注意高度(如图 7.16 所示)和极性。

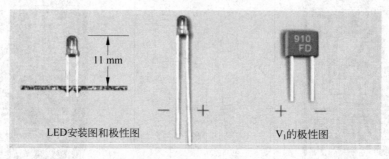

图 7.16　二极管以及变容二极管

7.3.3　调试

(1) 目视检查器件:所有元器件焊接完成后,要注意再次检查元器件的型号、规格、数量及安装位置、方向是否与图纸要求一致。

(2) 目视检查焊点:检查有无虚焊、漏焊、桥接、飞溅等焊接缺陷。

(3) 检查无误后将电源线焊到电池平片上。在电位器开关断开的状态下装入电池,插入耳机。用万用表调到 200 mA 挡位跨接在开关两端测电流,如图 7.17 所示,正常电流应为 7~30 mA(与电源电压有关),且 LED 正常亮,表 7.4 是样机测试结果,可供参考。

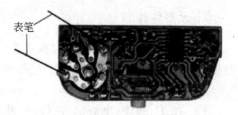

图 7.17　测量收音机整机电流

注意:如果电流为零或超过 35 mA 应检查电路。

表 7.4　整机电流

工作电压/V	1.8	2	2.5	3	3.2
工作电流/mA	8	11	17	24	28

(4) 如果电流在正常范围,可按 S_1 搜索电台广播。只要元器件质量完好、安装正确、焊接可靠,不用调任何部分即可收到电台广播。如果收不到广播应仔细检查电路,特别要检查有无错装、虚焊、漏焊等缺陷。

(5) 调接收频段(俗称调覆盖):我国调频广播的频率范围为 87~108 MHz,调试时可找一个当地频率最低的 FM 电台(例如在桂林,桂林飞扬 883 电台为 88.3 MHz),适当改变 L_4 的匝间距,使按过"Reset"键后第一次按"Scan"可收到这个电台。由于 SC1088 集成度高,如果元器件一致性较好,一般收到低端电台后均可覆盖 FM 频段,故可不调而仅做检查。

(6) 调灵敏度:本机灵敏度由电路及元器件决定,一般不可调整,调好覆盖后即可正常收听。无线电爱好者可在收听频段中间台(例如 95.0 MHz 音乐台)适当调整 L_4 匝距,使灵敏度最高(耳机监听音量最大)。

7.3.4　总装

(1) 调试完成后将适量泡沫塑料填入线圈 L_4 (注意不要改变线圈形状及匝距),滴入适量蜡使线圈固定。

(2) 将两个按键帽放入孔内。将电路板对准位置放入壳内。

注意:Scan 键帽上有缺口,放键帽时要对准机壳上凸起。Reset 键帽上无缺口,对准 LED 位置,若有偏差可轻轻掰动,偏差过大必须重焊。3 个孔与外壳螺柱的配合。

2031 收音机材料清单见表 7.5。

表 7.5　2031 收音机材料清单

类别	代号	规格	型号/封装	数量	类别	代号	规格	型号/封装	数量	备注
电阻	R_1	153	0805 (2012) RJ1/8W	1	电感	*L_1	4.7 μH	磁珠电感	1	
	R_2	154		1		*L_2	4.7 μH	色环电感	1	
	R_3	122		1		*L_3	78 nH	空心电感	1	8 匝
	R_4	562		1		*L_4	70 nH	空心电感	1	5 匝
	*R_5	681		1	晶体管	*V_1		BB910	1	
	R_6	103		1		*V_2		LED	1	
电容	C_1	222	0805 (2012)	1		*V_3	9013	SOT-23	1	或 9014
	C_2	104		1		*V_4	9012	SOT-23	1	
	C_3	221		1	塑胶件	前盖			1	
	C_4	331		1		后盖			1	
	C_5	221		1		电位器钮(内、外)			各1	
	C_6	332		1		开关按钮(有缺口)			1	Scan 按钮
	C_7	181		1		开关按钮(无缺口)			1	Reset 按钮
	C_8	681		1		别扣			1	
	C_9	683		1	金属件	电池片(3 件)			3	
	C_{10}	104		1		自攻螺钉 PA2×8			2	固定底壳
	C_{11}	223		1		自攻螺钉 PA2×5			2	PCB、别扣
	C_{12}	104		1		电位器螺钉 KM1.6×5			1	
	C_{13}	471		1	其他	印制板			1	
	C_{14}	33pF		1		耳机			1	
	C_{15}	82pF		1		带开关电位器			1	
	C_{16}	104		1		轻触按键			2	
	*C_{17}	332		1		耳机插座			1	
	*C_{18}	100μF	6×6	1		φ0.4×25 mm 短接线			2	J_1、J_2
	*C_{19}	104		1		0.8×6 cm 导线			2	接电源
芯片			SC1088	1						

注:材料清单的代号中标注"*"符号的原件为手工焊接元件。

第8章

液晶电视机的制作与调试

8.1 液晶电视机基本原理

电视机已经诞生了 80 多年,在电视研制发明的过程中,发明了显示图像的显像管,也就是 CRT(cathode ray tube)。在电视机的前 70 年中一直采用 CRT 作为电视机的图像显示器件,CRT 在电视机发展过程中具有重要的地位。电视信号的标准、组合、编码方式也是围绕 CRT 的显示方式进行的。

CRT 的显示方式是按照一定的时间顺序扫描逐行、逐点排列的像素点,利用电子枪发射的电子束轰击荧光屏上的荧光粉,显示屏上荧光粉的余晖形成我们眼睛能看到的图像。电视图像信号的像素信息的传送也是按照 CRT 显示要求,按时间的顺序逐个传送的,也就是说,电视传送的图像(像素)信号是一个按时间先后排列的串行的信号,在 CRT 电视机中,经过解调还原的图像信号直接加到 CRT 的阴极上就可以了,电视显像管的结构如图 8.1 所示。

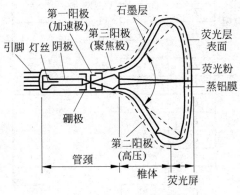

图 8.1 CRT 显示原理

电视机的发展经历了从黑白到彩色、从模拟到数字、从球面到平面的过程。现在广泛使用的液晶电视是一种平板电视,采用了液晶屏作为显示核心器件。和 CRT 显示屏不同的是,液晶显示屏属于被动发光显示器件,屏幕本身的像素点并不能主动发光,它只能作为光的开关,控制光通量的大小,液晶屏的作用类似于电影胶片的作用。在播放图像时,图像信号在液晶屏上产生类似电影胶片的图像,还必须有背光源才能有明亮的图像显现。液晶电视与 CRT 彩电最大的不同点在于显示图像原理不同。液晶板是由按横竖规则排列的几十万甚至百万个像素单元构成的,它的基本材料是液晶材料,这种材料在电压的控制下可以改变其透光特性。当有光源从背面照射时,通过对每个像素单元上电压的控制,形成明暗不同的图像。如果在像素单元上有规律地将 R、G、B 滤色片覆盖于上,就可以显现出彩色图像。为了实现对每个像素单元的控制,需要将像素电极和控制晶体管制作在液晶显示板上,其结构如图 8.2 所示。

液晶屏上的图像虽然也是把像素点进行组合排列以形成图像,但其排列组合的方式完全不同于 CRT 的扫描成像方式。它是一种矩阵的显示方式,如图 8.3 所示,其结构特

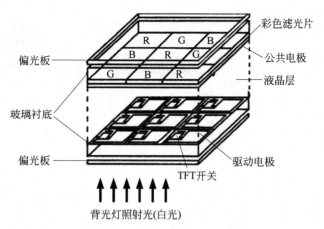

图 8.2 液晶显示屏结构示意图

点是：在显示屏上，水平排列一排和垂直显示像素数相同的行电极，垂直排列一排和水平显示像素数相同的列电极。行电极线和列电极线相互垂直，其交叉点就是一个像素点的位置（例如，现在的 16∶9 高清显示屏，水平行电极线有 1080 根，垂直列电极线有 1920根）。这一个像素点的"点亮"就必须在这个像素点的行电极线和列电极线同时加电压，该点才会发光。另外和 CRT 不同的是，一行信号的像素排列不同。CRT 是由左至右扫描按照时间顺序逐个排列，而液晶是把一行信号的像素点同时出现在屏幕上，没有时间的先后。也就是对于一行像素信号来说，CRT 显示的是串行像素信号，而液晶显示的是并行像素信号。

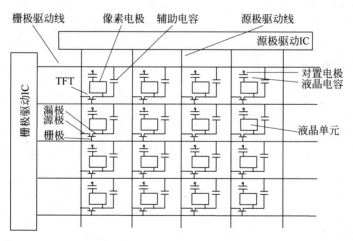

图 8.3 液晶显示并行像素信号

由图 8.3 可知，每个像素单元是由开关晶体管、充电电容和液晶单元构成，将这些像素单元有规律地排列起来，其开关晶体管受驱动电路信号控制，由开关晶体管的通断来控制液晶像素的光通性。当液晶板背面有光源照射时，液晶板将按脉冲电信号的变化规律来还原彩色图像信号。数字式液晶显示框图如图 8.4 所示。

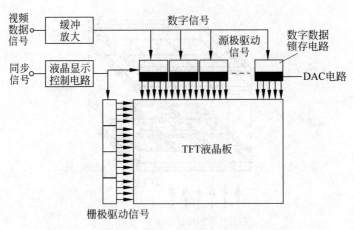

图 8.4　数字式液晶显示框图

8.2　液晶电视机实训系统简介

液晶电视机是在传统电视和液晶显示器的基础上发展起来的，其前端视频、伴音信号处理电路与中小屏幕彩电基本相同，但是对电路元器件质量和体积要求更高。例如液晶电视机采用的一体化高频调谐器，包含调谐和中放等电路，数百个元器件封闭在一个小体积的金属屏蔽盒内，对元器件的热稳定性要求很高。液晶电视机的后端数字信号处理、电极驱动、背光灯电压逆变器等电路与液晶显示器电路基本相同。液晶电视机内部电路框图如图 8.5 所示。

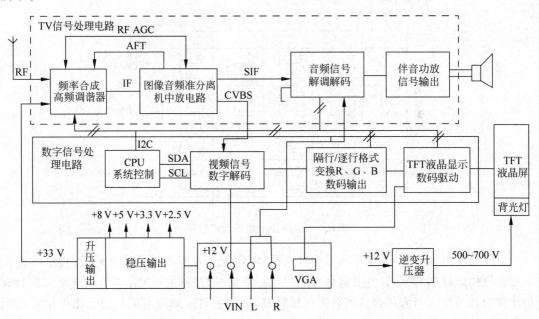

图 8.5　液晶电视机电路组成系统框图

由图 8.5 可知,液晶电视机内部电路包括高频信号接收电路、视频与伴音信号准分离电路、伴音信号解调解码电路、伴音功放电路、视频信号数字变换电路、电极驱动信号放大电路、背光灯自举升压电路与常规 CRT 彩电具备的 CPU 系统控制、遥控接收、AV、VGA 输入接口等电路。

液晶电视机实训系统就是根据以上的系统框图,把液晶电视机的主要电路按功能划分为 4 个电路模块,分别是电视信号处理电路、伴音信号处理电路、数字信号处理电路和电源电路。4 个模块是独立的,模块之间经过底板的接口连接,并在底板上留出一些常用接口,组成一套完整的液晶电视机实训系统。

8.3　基于液晶电视机实训系统的电子工程训练

电子工程训练课程目的是培养学生的工程素质,熟悉电子产品制作的整个过程。可分为 PCB 设计、PCB 制板、电路板的焊接、程序开发、系统组装调试以及系统参数测量等环节。主要实训内容是以模块化液晶电视机实训系统为载体,以两名学生为一个小组的形式共同完成一台液晶电视机的制作与调试任务,每人分别完成系统中的两个模块。电子工程训练教学流程如图 8.6 所示,具体的教学内容可分为 7 个方面。

图 8.6　基于液晶电视机实训系统的电子工程训练教学流程

1. 理论授课

理论课主要介绍开设电子工程训练课程的目的和意义、液晶电视机的基本工作原理、焊接调测方法、组装要求、调测仪器仪表、装焊工具的使用、各种规章制度和评分标准等内容,并对学生的整个工艺实习过程做系统安排。

2. PCB 设计

要求学生利用 Altium Designer 软件完成相应模块的原理图绘制与 PCB 的布局布线,并生成与该设计相关的制板文件,比如线路层、字符层、阻焊层的菲林等。

3. PCB 制板

这是课程中至关重要的环节,把设计的电路转换为实际的印制电路板。同时,通过了解制板工艺,对电路设计过程中的设计规范与注意事项有更直观地了解。

4. 电路板的焊接

电子工程训练提供了回流焊接技术和手工焊接技术两种不同的焊接条件,把液晶电视电路的某个模块做成贴片元件,重在了解、掌握回流焊接技术的基本流程。

5. 系统的组装与调试

在完成各个电路模块的装配之后,把所有模块组合起来就形成一台完整的液晶电视机。如果电视机不能正常工作,需根据故障现象进行电路故障的查找与排除,本环节是课程中最核心的环节,对学生动手能力要求也因此更高。

6. 撰写技术报告

电子工程训练要求完成一份实习报告,报告内容包括：液晶电视机基本组成及原理、电路板制作工艺、焊接工艺、组装与调试工艺、软件设计等。通过此环节,对所制作的电子产品及其工艺流程有一个系统的认识。

7. 学生作品验收

验收的主要任务是根据产品的各项性能指标,借助电子测试仪器,对学生组装的成品进行综合测试,结合 EDA 设计仿真成绩、实习报告成绩和平时表现及测试结果,给出最终的课程的成绩。

8.4 液晶电视参数的调试

8.4.1 电源的测试

1. 仪器设备及调试中作用

稳压电源调试所需设备及作用见表 8.1。

表 8.1 稳压电源调试所需设备及作用

仪 器 设 备	数量	作 用
万用表	1	测量交流输入电压和整流输出等其他直流电压
交流毫伏表	1	测量纹波噪声电压
示波器	1	观察纹波电压波形

2. 测量在路直流电阻(电视机插头不接电源)

下面 3 项测试中,电视机插头不接电。

1) 变压器初级电阻

方法：万用表挡位拨到电阻挡,选择合适量程,打开电视机电源开关,测量电视机电源插头 L、N 两极间电阻。数据记录：$R_1 =$ _____。

2) 整流输出端电阻：

方法：(1) 万用表挡位拨到电阻挡,选择合适量程,测量 C401 两极间电阻。红表笔接 C401 正极,黑表笔接 C401 负极,读数稳定后,测出正向电阻 R_2；表笔对换后,测出反向电阻 R_3。

（2）万用表挡位拨到电阻挡，选择合适量程，测量 C411 两极间电阻，红表笔接 C411 正极，黑表笔接 C411 负极，读数稳定后，测出正向电阻 R_4；表笔对换后，测出反向电阻 R_5。

（3）数据记录：正向电阻 $R_2 =$ _____；反向电阻 $R_3 =$ _____。

正向电阻 $R_4 =$ _____；反向电阻 $R_5 =$ _____。

3）稳压电源输出端电阻：

方法：（1）万用表挡位拨到电阻挡，选择合适量程，测量 C403 两极间电阻，红表笔接 C403 正极，黑表笔接 C405 负极，读数稳定后，测出正向电阻 R_6；表笔对换后，测出反向电阻 R_7。

（2）万用表挡位拨到电阻挡，选择合适量程，测量 C405 两极间电阻，红表笔接 C405 正极，黑表笔接 C405 负极，读数稳定后，测出正向电阻 R_8；表笔对换后，测出反向电阻 R_9。

（3）数据记录：正向电阻 $R_6 =$ _____；反向电阻 $R_7 =$ _____。

正向电阻 $R_8 =$ _____；反向电阻 $R_9 =$ _____。

注：只有电阻值均不出现 0 或 ∞ 的情况下，才能进行通电测试。

3．通电测试

1）计算全波整流电路输出与输入的关系

（1）通电条件下，电源开关打开，用万用表的交流挡测量变压器输出电压：

$V_1 =$ _____

（2）用万用表直流挡测量经过整流滤波之后的直流电压分别为：

$V_2 =$ _____　　　　　　　$V_3 =$ _____；

2）静态工作电压测试

（1）DC-DC 变换电路 U403—LM34063 各脚电压（填入表 8.2 中）：

表 8.2　DC-DC 变换电路 U403—LM34063 各脚电压

引脚	1	2	3	4	5	6	7	8
电压/V								

（2）跟随输出 Q401 偏置电压：

$U_b =$ _____ V；　$U_c =$ _____ V；　$U_e =$ _____ V。

3）各个模块功率消耗的测量

（1）将所有模块与主板连通，打开各模块电源控制开关。

（2）把 5V 输出端跳线帽取下，万用表挡位拨到直流电流挡，红表笔接 ON 端，黑表笔接中心端，选择合适量程，测量电流 $I_1 =$ _____，计算高频放大模块与自动控制模块消耗功率 $P_1 =$ _____。

（3）把 IF12V 输出端跳线帽取下，万用表挡位拨到直流电流挡，红表笔接 ON 端，黑表笔接中心端，选择合适量程，测量电流 $I_2 =$ _____，计算中放电路消耗功率 $P_2 =$ _____。

（4）把 LCD12V 输出端跳线帽取下，万用表挡位拨到直流电流挡，红表笔接 ON 端，黑表笔接中心端，选择合适量程，测量电流 $I_3 =$ _____，计算液晶屏驱动电路消耗功率 $P_3 =$ _____。

（5）把 24 V 输出端跳线帽取下，万用表挡位拨到直流电流挡，红表笔接 ON 端，黑表笔接中心端，选择合适量程，测量电流 $I_4 =$ _____，计算伴音电路消耗功率 $P_4 =$ _____。

（6）把 33 V 输出端跳线帽取下，万用表挡位拨到直流电流挡，红表笔接 ON 端，黑表笔接中心端，选择合适量程，测量电流 $I_5 =$ _____，计算高频放大模块中调谐电路功率 $P_5 =$ _____。

（7）计算电源输出总功率 $P = P_1 + P_2 + P_3 + P_4 + P_5 =$ _____。

4）纹波电压的观察与测量

将所有模块与主板连通，交流毫伏表电缆和示波器探头接在模块电压输出端，在模块电源控制开关接通与断开的情况下分别观察和测量各模块电源端的纹波，记录各输出电压的纹波波形、并将测得的纹波电压值填入表 8.3 中。

表 8.3　纹波电压测量值

	5 V	IF12 V	LCD12 V	24 V	33 V
开关断开					
开关接通					

注：电源调试结束，关闭电源，整理好仪表与导线。

8.4.2　电视机中频放大电路的测试

电视机中频放大电路的幅频特性直接影响到整机的灵敏度、选择性及通频带等特性。

1．仪表设备及调试中作用

测试过程中所用设备及作用如表 8.4 所示。

表 8.4　测试过程中所用设备及作用

仪 器 设 备	数量	作　　用
数字频率特性测试仪	1	测量中频放大器通道的频率特性
万用表	1	测量中频放大器直流工作点电压

2．图像中放的调试

（1）静态工作电压测量（不接收电视节目）

① 图像预中放级电路，主要作用是为了补偿声表面波滤波器的插入损耗，测量预中放三极管正确的静态工作点电压，是保证其正常放大工作的先决条件。

数据记录：$U_b =$ _____ V；$U_c =$ _____ V；$U_e =$ _____ V。

② 测量图像中放电路主要芯片的各管脚工作电压，填入自制表格中。

3．中放幅频特性的测试

（1）关闭电视机和频率特性测试仪电源，频率特性测试仪的输出端口（OUTPUT）的扫频信号接入预中放三极管的前端，即中频放大电路 C_{S1} 端，频率特性测试仪输入端（CHA

INPUT)接中频放大电路的输出端,即中频放大电路 C_{S2} 端。

（2）将频率特性测试仪的起始频率置为 30 MHz、中心频率置为 35 MHz、终止频率置为 40 MHz；

（3）打开中放模块电源,关闭其他模块电源,频率特性测试仪显示屏将出现中放幅频特性曲线。标准的幅频特性曲线如图 8.7 所示,曲线应满足：增益≥60 dB；图像载频点 38 MHz,增益≥50％；双峰间带宽约 3 MHz,顶部凹陷≤20％；3 个吸收点幅度应分别为≤5％(31.5 MHz)、≤1％(39.5 MHz)、≤3％(30 MHz)。

（4）画出实测中放曲线,并标注相应的频率和幅度特性(因为测试条件与仪器误差及阻抗匹配等问题,实测曲线应与标准曲线有区别)。

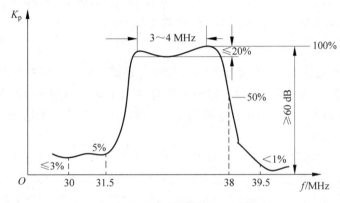

图 8.7　标准的幅频特性曲线

8.4.3　伴音低放特性的测试

1. 仪表设备

测试中所需的仪表设备及作用如表 8.5 所示。

表 8.5　伴音低放特性所需仪器及作用

仪 器 设 备	数量	作　　　　用
失真度测试仪	1	测量伴音低放的谐波失真
示波器	1	测量伴音低放的输出波形
低频信号发生器	1	产生调试所需的各种频率信号
交流毫伏表	1	测量输入和输出的信号强度(峰-峰值)
万用表	1	测量伴音电路静态直流电压

2. 伴音低放电路的调试

1）静态工作点测试

（1）伴音模块电路静态电流的测试；

（2）测量伴音集成电路主要芯片的引脚工作电压。

2)动态调试

(1)伴音低放调试仪表连接如图8.8所示,电视机其他模块电源关闭。

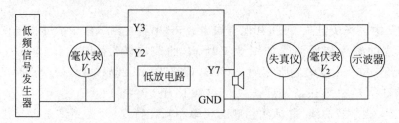

图8.8 伴音低放调试仪表连接图

注:① Y2、Y3分别对应于伴音模块电路板上的低放电路的输入,Y7对应于低放电路的输出。

② 交流毫伏表只配一个时,可以在输入和输出端之间交替测量。

③ 交流毫伏表在开机时,会因为电流冲击而瞬间达到满偏,属于正常现象,几秒后会恢复正常。

(2)灵敏度的测量。放大电路灵敏度一般指达到额定输出功率或电压时输入端所加信号的电压大小。其测量方法是:低频信号发生器输出1 kHz的信号,缓慢调整信号的输出电平强度,同时观测V_2的大小,当V_2刚好为2 V时,停止调整。读出测V_1的大小。数据记录:伴音低放灵敏度为_____。

(3)额定功率的测量。最大不失真输出功率指的是放大器输入一定频率正弦波,调节输入信号幅度,输出失真度不大于某值时(5%)的最大输出功率。其测量方法为:①低频信号发生器输出1 kHz的信号,逐渐增大低频信号发生器输出强度(或调节音量电位器),同时观察示波器显示的波形,初步确定波形临界失真时,停止调整;②用失真度测试仪测量出此时的失真度。如果失真度大于5%,则应适当减小信号发生器输出强度;③如果测出失真度小于5%,满足测量最大不失真的功率条件。读出V_2毫伏表值。数据记录:$P_{max} = V_2^2/r = $ _____。(P_{max}应该大于或等于0.5 W,r为扬声器直流阻抗为8Ω)

(4)频率响应的测量。频率响应指功放的输出增益随输入信号频率的变化而提升或衰减和相位滞后随输入信号频率而变的现象。这项指标是考核功放品质优劣的最为重要的一项依据,该分贝值越小,说明功率放大器的频率响应曲线越平坦,失真越小,信号的还原度和再现能力越强。其测量方法为:①低频信号发生器输出1 kHz的信号,调整信号发生器输出强度和音量电位器,同时观测V_2的大小,当V_2为-2 dB(毫伏表置放到"1V/0 dB"挡,指针指到-2 dB)时,停止调整;②低频信号发生器的输出信号频率从100 Hz调整到10 kHz,观察V_2指示电压的变化情况。数据记录:V_2在_____ dB到_____ dB间变化,理想的电压不均匀度应小于2 dB。

8.4.4 视频解码电路及液晶驱动测试

视频解码电路和液晶驱动电路是电视机正确重现图像的关键电路,观察和测试各波形有助于更好地理解解码电路和液晶驱动电路的工作原理与过程。

1. 仪表设备

测试中所用仪表设备及作用如表8.6所示。

表 8.6 视频解码电路及液晶驱动测试所需仪器及作用

仪 器 设 备	数量	作　用
双踪示波器	1	测量各点的信号波形

2．测试步骤

分析数字信号处理电路模块的电路原理图,找出视频解码电路关键点,并在电视机正常工作的前提下,利用双踪示波器观察并记录其波形。波形一般可分为以下 6 类。

(1) 全电视信号 CVBS 波形。

(2) 红基色 R 信号波形。

(3) 绿基色信号波形。

(4) 蓝基色信号波形。

(5) 同步信号波形。

(6) 公共电极 VCOM 信号波形。

第 9 章

常见仪器使用方法

9.1　DF2175A 交流毫伏表

交流毫伏表是一种用来测量微弱正弦电压有效值的仪器。该类仪器具有频率范围宽、输入阻抗高、灵敏度高、测量电压范围大等特点。

9.1.1　DF2175A 交流毫伏表性能指标

（1）测量电压范围：正弦波有效值 $100\ \mu V \sim 300\ V$。

（2）测量频率范围：$5\ Hz \sim 2\ MHz$。

（3）测量电平范围：$-80\ dB \sim +50\ dB$；$-78\ dBm \sim +52\ dBm$。

（4）输入阻抗：在 $1\ kHz$ 时输入电阻大于 $2\ M\Omega$，输入电容不大于 $70\ pF$。

（5）电源电压 $220\ V \pm 22\ V$，$50\ Hz \pm 2.5\ Hz$。

9.1.2　仪器面板布局及操作说明

交流毫伏表面板如图 9.1 所示。

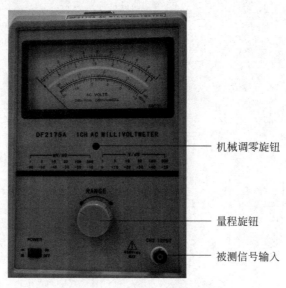

　　　　　　　　　　　　　　　　　　机械调零旋钮

　　　　　　　　　　　　　　　　　　量程旋钮

　　　　　　　　　　　　　　　　　　被测信号输入

图 9.1　交流毫伏表面板布局

9.2 SA1080C 数字频率特性测试仪

频率特性测试仪俗称扫频仪,用于测量网络(电路)的频率特性,是实验室中常用的电子测量仪器之一。扫频仪常用来测量宽带放大器,雷达接收机的中频放大器、高频放大器,电视机的公共通道、伴音通道、视频通道、各种有源及无源四端网络,滤波器、鉴频器及放大器等的频率特性。

频率特性测试仪,首先产生一个名为扫频信号的测量信号,该信号是一种频率随时间线性变化且幅度恒定的信号。扫频信号的瞬时频率与扫频仪中示波管电子束的水平方向的扫描相对应,这使得扫频仪中示波管显示屏的水平方向可以表示频率,扫频信号经扫频仪的扫频输出口输入到被测网络的信号输入端,被测网络输出端的信号的幅度与频率有关,这种关系由被测网络的幅频特性决定。扫频仪用检波器将被测网络输出端的信号幅度检测出来,并使之与示波管的垂直偏转相对应,则示波管或显示屏可将被测网络输出端的信号幅度与频率的关系显示出来。由于被测网络输入端的信号幅度是恒定的,故显示屏上所显示的曲线就反映了被测网络对输入信号在不同频率点的放大或衰减作用的大小。

9.2.1 DDS(直接数字合成)工作原理

正如前文所述,频率特性测试仪是将一个等幅扫频信号输入到待测网络的输入端,并显示待测网络输出信号,从而得到待测网络的频率特性。传统的模拟信号源是采用电子元器件以各种不同的方式组成振荡器,其频率精度和稳定度都不高,而且工艺复杂,分辨率低,频率设置和实现计算机程控也不方便。直接数字合成技术(DDS)是最新发展起来的一种信号产生方法,它不同于直接采用振荡器产生波形信号的方式,而是以高精度频率源为基准,用数字合成的方法产生一连串带有波形信息的数据流,再经过数模转换器产生出一个预先设定的模拟信号。

例如要合成一个正弦波信号,首先将函数 $y = \sin x$ 进行数字量化,然后以 x 为地址,以 y 为量化数据,依次存入波形存储器。DDS 使用了相位累加技术来控制波形存储器的地址,在每一个采样时钟周期中,都把一个相位增量累加到相位累加器的当前结果上,通过改变相位增量即可以改变 DDS 的输出频率值。根据相位累加器输出的地址,由波形存储器取出波形量化数据,经过数模转换器和运算放大器转换成模拟电压。由于波形数据是间断的取样数据,所以 DDS 发生器输出的是一个阶梯正弦波形,必须经过低通滤波器将波形中所含的高次谐波滤掉,输出即为连续的正弦波。数模转换器内部带有高精度的基准电压源,因而保证了输出波形具有很高的幅度精度和幅度稳定性。

9.2.2 仪器面板布局及显示屏说明

设备前面板如图 9.2 所示,其中有 3 个输入输出端口,分别是扫频信号输出(output)、扫频信号输入(cha input)、其他信号输入(chb input)。cha input 输入端是频率特性测试仪的扫频信号输入端,chb input 输入端是频率特性测试仪的辅助输入端。输入输出端采用 BNC 端子。

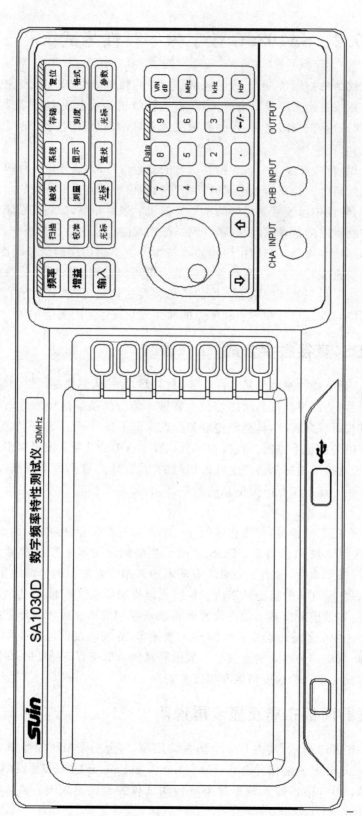

图 9.2　频率特性测试仪前面板

设备显示屏分 4 个区,包括主显示区、菜单显示区、测量结果显示区、扫描状态显示区,如图 9.3 所示。

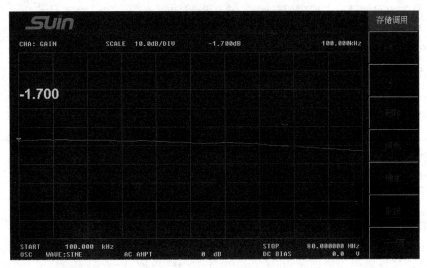

图 9.3　屏幕显示

(1) 主显示区显示被测网络的特性曲线,点阵为 800×480,横轴 10 个大格,纵轴 10 个大格。

(2) 菜单显示区显示仪器当前所处菜单,在显示屏的右侧。

(3) 测量结果显示区显示光标位置的频率、增益、相位值、刻度值,光标值显示区在显示屏的顶部。

(4) 扫描状态显示区显示当前的始点频率、终点频率或者是中心频率、跨度,输出波形、输出增益和输入偏移,扫描状态显示区在显示屏的下部。

9.2.3　功能菜单与操作介绍

1. 频率菜单

默认频率菜单可以设置始点频率、终点频率、中心频率、扫频带宽 4 种参数。按功能区的"频率"键进入频率菜单,显示屏显示频率菜单自上而下为"起始频率""终止频率""中心频率""跨度""频段选择"。

(1) 起始频率:设置仪器当前扫描的始点频率值(Fs),默认值为 100 kHz。

(2) 终止频率:设置仪器当前扫描的终点频率值(Fe),默认值为 30 MHz。

(3) 中心频率:设置仪器当前扫描的中心频率值(Fc),默认值为 15.05 MHz。

(4) 跨度:设置仪器当前扫描的扫频带宽值(Fb),默认值为 29.9 MHz。

(5) 频段选择:设置仪器当前扫描的频率范围,默认值为高频段。

当改变其中某一频率值时,仪器自动计算其他频率值并相应改变。如修改起始频率或终止频率时,仪器自动计算并修改中心频率和跨度,修改中心频率和跨度时,仪器自动计算并修改起始频率和终止频率。频率值在某一个频率段内可以任意更改,超出范围仪器自动修改为当前范围内的值。具体范围是起始频率不可低于当前频段最小频率，不可高于终止频率；终止频率不可低于起始频率，不可高于当前频段最高频率；中心频率不可低于起始频率，不可高于终止频率；跨度最低为零，最高为当前频率的跨度；频率计算公式为终点值 $F_e＝$中心值 $F_c＋$带宽值 $F_b/2$，始点值 $F_s＝$中心值 $F_c－$带宽值 $F_b/2$。当改变中心值后，计算出的始点值和终点值若超出仪器当前频段的最小值或最大值，则自动计算在此中心频率下允许的最大带宽值，同时计算出此时的始点值和终点值；当改变带宽值后，计算出的始点值和终点值若超出仪器当前频段的最小值或最大值，则自动计算在当前中心频率下允许的最大带宽值，同时计算出此时的始点值和终点值。

注：仪器将扫频范围分为两个频率段，第一个频率段为 20 Hz～200 kHz，称为低频段；第二个频率段为 5 kHz～80 MHz，称为高频段。

2. 增益菜单

增益菜单分两种，默认功能菜单和鉴频功能菜单。

1）默认功能时增益菜单可以设置输出增益、输入增益。

按"增益"键仪器进入增益菜单，菜单自上而下为输出增益、输入增益。

（1）输出增益：设置仪器当前的输出增益值，默认为 0 dB，调节范围为－80～0 dB，调节步进值为 1 dB。调节输出增益可以调节仪器输出扫频信号的幅度，0 dB 时输出幅度最大，－80 dB 时输出幅度最小。用数字输入方式设置输出增益时，应注意符号"－"的输入，否则仪器认为输入数值无效。

（2）输入增益：设置仪器当前的输入增益值，默认为 0 dB，有 10 dB、0 dB、－10 dB、－20 dB、－30 dB，5 个挡位可选。调节输入增益可以调节仪器输入通道的增益，控制仪器对输入信号的放大和衰减。

2）鉴频功能时增益菜单可以设置输出增益、输入增益。当仪器设置为鉴频功能时，仪器的输入信号从 chb input 输入。按"增益"键仪器进入增益菜单，菜单自上而下为输出增益、输入增益。

（1）输出增益：与仪器默认功能时的定义相同。

（2）输入增益：设置仪器鉴频通道的输入增益值，共分为 3 挡，为 ＊0.25、＊1 和 ＊4，默认为 ＊1。仪器能够正常测量的输入信号的范围为 ±1.5 V；当输入增益设置为 ＊0.25 时，仪器能够正常测量的输入信号的范围为－3.5～6.5 V；当输入增益设置为 ＊4 时，仪器能够正常测量的输入信号的范围为 ±0.3 V。当仪器的输入信号超过 ±1.5 V 时，可将输入增益设置为 ＊0.25，当仪器的输入信号较小时，可将输入增益设置为 ＊4，此时可获得较好的测量准确度。

注：当改变仪器鉴频通道的增益设置时，仪器内部作了计算处理，光标值显示区显示的电压值为输入信号的实际值，不需要用户作任何转换处理。

3）输入菜单

输入菜单功能设置输入偏移和输入阻抗。输入偏移的设置只影响鉴频功能时的测量结果。

按"输入"键仪器进入输入菜单，菜单自上而下为输入偏移、输入阻抗。

（1）输入偏移：设置仪器鉴频通道 CHB 的直流偏置电压值，默认为 0.0 V。在输入增益处于 *1 挡时，此值范围是 ±1.5 V；在输入增益处于 *4 挡时，此值范围是 ±0.4 V；在输入增益处于 *0.25 挡时，此值范围是 ±4 V。当仪器的输入信号中有较大的直流分量，使仪器得不到正确的测量结果时，需要设置仪器输入通道的直流偏置电平来抵消输入信号的直流分量。

当输入信号有正的直流分量时，将仪器输入通道的直流偏置电平设置为正值，反之设置为负值。当设置直流偏置电平后，光标值显示区显示的电压值（V_s）是输入信号（V_i）和直流偏置电压（V_d）的差，因此输入信号的电压应按照下式计算：

$$V_i = V_s + V_d$$

（2）输入阻抗：设置仪器当前的输入阻抗值，仪器的输入阻抗可在 50 Ω～500 kΩ 之间选择，默认为 50 Ω。

注：应根据被测网络的特性来确定仪器的输入阻抗。

4）扫描菜单

扫描菜单设置扫描点数、扫描时间和扫描类型。按"扫描"键仪器进入扫描菜单，菜单自上而下为"扫描点数""扫描时间""扫描类型"。

（1）扫描点数：设置仪器扫描点数，设置值 2-501。

（2）扫描时间：设置仪器的扫描速度。扫描时间倍数越大扫描速度越慢，倍数越小扫描速度越快，开机默认为 2 倍。

（3）扫描类型：设置仪器的扫频方式，仪器默认"线性"。"线性"表示仪器的扫描频率按线性规律变化，"对数"表示仪器的扫描频率按对数规律变化。

注：应根据被测网络的特性来设置扫描时间。当仪器设置的始点频率和终点频率较低时请相应增大扫描时间倍数值。

5）测量菜单

测量菜单设置仪器的测量模式，按"测量"键仪器进入测量菜单，菜单自上而下为 CHA OSC、鉴频、s 参数。当仪器具有鉴频功能和 s 参数测试功能时才会有鉴频功能、S 测试这两个选项。

（1）CHA OSC：设置仪器测量模式为默认模式，CHA 输入。

（2）鉴频：设置仪器的测量模式为鉴频模式，CHB 输入，当打开鉴频功能时，仪器将自动关闭相频特性曲线。

（3）s 测试：设置仪器的测量模式为 s 参数模式，CHA 输入。

S 参数测试功能打开后，仪器显示的是网络的回波损耗（RL），可以根据回波损耗计算出反射系数（ρ）和驻波比（SWR）。

计算公式如下：

$$SWR = (1 + \rho)/(1 - \rho)$$
$$RL = -20\lg\rho$$
$$\rho = 10^{RL/-20}$$

对于开路和短路，负载反射系数都为 1，回波损耗为 0，驻波比为 ∞；对于匹配负载的反射系数为 0，回波损耗为 ∞，驻波比为 1。三者的转换表见表 9.1。

表 9.1 驻波系数,回波损耗,反射系数三者转换表

驻波比	回波损耗/dB	反射系数	驻波比	回波损耗/dB	反射系数
1.00	∞	0.000	1.60	12.74	0.231
1.01	46.06	0.005	1.70	11.73	0.259
1.02	40.09	0.010	1.80	10.88	0.286
1.03	36.61	0.015	1.90	10.16	0.310
1.04	34.15	0.020	2.00	9.54	0.333
1.05	32.26	0.024	2.50	7.36	0.429
1.06	30.71	0.029	3.00	6.02	0.500
1.07	29.42	0.034	3.50	5.11	0.556
1.08	28.30	0.038	4.00	4.44	0.600
1.09	27.32	0.043	4.50	3.93	0.636
1.10	26.44	0.048	5.00	3.52	0.667
1.20	20.83	0.091	6.00	2.92	0.714
1.30	17.69	0.130	8.00	2.18	0.778
1.40	15.56	0.167	10.00	1.74	0.818
1.5	13.98	0.200	∞	0.00	1.000

6) 校准菜单

校准菜单设置仪器的校准和补偿,按"校准"键仪器进入校准菜单,菜单自上而下为"补偿""校准"。因为仪器的扫频范围较宽,输入通道对不同频率输入信号的响应会不尽相同,补偿可以将这种不同抵消,将幅频、相频、鉴频特性曲线校准到零位。

(1) 补偿:设置仪器测量时补偿的开关,打开表示测量值是经过补偿的值,是绝对测量值,关闭后测量值是相对值。

(2) 校准:设置仪器进行校准,校准时必须进行全频段扫描,即起始频率必须设置为当前频段的最小值,终止频率必须设置为当前频段的最大值,扫描点数必须设置为101。校准后校准数据自动保存,需要使用时,打开补偿即可。

注①:在精确测量时打开补偿,修改输出幅度后需要重新校准,其他情况下一般不需要重新校准,只需要打开补偿。

注②:补偿后仪器将幅频特性曲线和相频特性曲线都校准到零位。

7) 触发菜单

触发菜单设置仪器的触发状态,按"触发"键仪器进入触发菜单,菜单自上而下为停住、单次、扫描次数、连续。

(1) 停住:设置仪器测量停止,停止后显示最后一次测量的曲线和数据。

(2) 单次:设置仪器进行单次测量,完成后仪器停止测量,停止后显示本次测量的曲线和数据。

(3) 扫描次数:设置仪器测量的次数,完成后仪器停止测量,停止后显示本次测量的曲线和数据。

(4) 连续:设置仪器进行连续测量,测量时更新测量曲线和数据。

8) 显示菜单

显示菜单设置仪器的显示状态,按"显示"键仪器进入显示菜单,菜单自上而下为增益、

相位、增益相位、更新参考、显示参考。

(1) 增益：设置仪器当前显示的测量曲线和数据为增益。

(2) 相位：设置仪器当前显示的测量曲线和数据为相位。

(3) 增益相位：设置仪器当前显示的测量曲线和数据为增益和相位同时显示。

(4) 更新参考：把当前测量曲线记录为参考曲线。

(5) 显示参考：显示已经记录的参考曲线，以方便比较使用。参考曲线使用当前测量曲线所选择的刻度值。

9) 刻度菜单

刻度菜单设置显示区的 y 轴刻度状态。

按"刻度"键进入刻度菜单，菜单自上而下为自动刻度、刻度值、参考值、参考位置、光标→参考值、相位刻度、相位参考值。

(1) 自动刻度：设置后仪器自动计算刻度值和参考值，使曲线显示在适当位置。

(2) 刻度值：设置主显示区的每格增益值。调节范围为 1 单位/div 到 1000 单位/div。改变每格增益值，幅频特性曲线会在 y 轴方向上压缩伸展，但不会影响被测网络的幅频特性。

(3) 参考值：设置当前参考位置表示的值。调节范围为 -1000 单位到 1000 单位。改变增益基准值，幅频特性曲线会在 y 轴方向上移动，但不会影响被测网络的幅频特性。

(4) 参考位置：设置当前参考位置，即以什么位置为基准，并将此位置设置为参考值。调节范围为 0~10，坐标图的最下边一格为 0，最上边一格为 10，默认在中间位置 5。

(5) 光标→参考值：将光标处的测量值设置为参考值，此时光标会移动到参考位置处。

(6) 相位刻度：设置主显示区每格相位值，此值范围为 1°~360°。改变每格相位值，相频特性曲线会在 y 轴方向上压缩伸展，但不会影响被测网络的相频特性。

(7) 相位参考值：设置相频特性曲线的中间位置在 y 轴上的位置，默认为 0°。此值范围为 -360°~360°。

注：当调节增益基准或相位基准时，显示区特性曲线会随之移动，但光标位置的频率、增益值、相位值不随之改变，也就不会影响被测网络的幅频相频特性。

10) 格式菜单

格式菜单设置仪器的格式状态，按"格式"键仪器进入显示菜单，菜单自上而下为幅度单位、相位单位。

(1) 增益单位：设置仪器当前显示的增益测量曲线的单位，可以选择 dB 和倍数。

(2) 相位单位：设置仪器当前显示的相位测量曲线的单位，可以选择角度和弧度。

11) 光标菜单

光标菜单可以设置光标的状态、光标的移动等，并借此来准确测量特性曲线的频率、增益值、相位值。按"光标"键仪器进入光标菜单，菜单自上而下为光标开关、子光标、清除子光标、光标位置、光标耦合、差值光标。

(1) 光标开关：设置光标的打开和关闭，此开关为光标的总开关，关闭后会关闭所有光标。

(2) 子光标：设置子光标的打开，同时最多可打开 6 个子光标，其信息会显示在右侧。

(3) 清除子光标：设置子光标的关闭，分别关闭打开的 6 个子光标。

（4）光标位置：设置光标当前的位置，如果只显示幅频或相频曲线，此功能没有效果，如果同时显示幅频增益和相频曲线，光标可以在两条曲线上切换。

（5）光标耦合：设置光标的设置状态，如果只显示幅频或者相频曲线，此功能没有效果，如果同时显示幅频和相频曲线，耦合打开表示光标移动时同时设置两条曲线上光标的位置，关闭后两条曲线上的位置分开设置。

（6）差值光标：设置光标值显示区显示的频率、增益、相位值为相对值，此时显示的测量值是两光标所在位置测量值之差。差值光标可以移动，参考光标不可移动。

注：在精确测量时光标是必不可少的工具，请务必清楚和掌握光标的使用方法。

12）光标→菜单

光标→菜单可以使用光标设置频率和参考值，并借此来准确设置测量频率和参考值，按"光标→"键仪器进入光标→菜单，菜单自上而下为光标→起始、光标→终止、光标→中点、光标→跨度、光标→参考。

（1）光标→起始：把光标处的频率值设置为起始频率值。

（2）光标→终止：把光标处的频率值设置为终止频率值。

（3）光标→中点：把光标处的频率值设置为中点频率值。

（4）光标→跨度：把光标处的频率值设置为跨度频率值。

（5）光标→参考：把光标处的测量值设置为当前刻度的参考值。

13）查找菜单

查找菜单可以查找特定的值和位置，并把光标移动到查找处。按"查找"键仪器进入查找菜单，菜单自上而下为最大值、最小值、居中。

（1）最大值：查找数据的最大值，仪器具有查找数据最大值的功能，并将光标定位于最大值处。

（2）最小值：查找数据的最小值，仪器具有查找数据最小值的功能，并将光标定位于最小值处。

（3）居中：将活动光标移动到显示区中间。

14）存储菜单

仪器具有存储功能，存储内容是仪器的当前测量状态、测量数据、图形和设置。状态包括频率菜单设置、增益菜单设置、扫描设置等。

按"存储"键仪器进入存储菜单，菜单自上而下为文件类型、浏览器、展开目录、折叠目录、创建目录、删除、存储设备、读取、保存、拷贝、重命名。

（1）文件类型：设置仪器显示和存储时的文件类型，可以选择全部、状态、数据、图形、设置。

（2）浏览器：设置仪器的选择状态，可选择目录和文件。当选择目录时，按上下按钮，会在左侧选择目录；选择文件时，按上下按钮，会在右侧选择文件。

（3）展开目录：展开当前选择的目录，如果当前目录没有子目录，则没有效果。

（4）折叠目录：折叠当前选择的目录，如果当前目录没有展开，则没有效果。

（5）创建目录：在当前选择的目录下创建一个新的目录，按下后需要通过按钮输入目录名字，按确定完成创建，创建后当前目录如果没有展开，会自动展开。

（6）删除：删除当前选择的目录或文件，删除时需要注意浏览器的选择，选择目录则会删除选中的目录,选择文件会删除选中的文件,选择后按确定删除。

(7) 存储设备:选择存储设备,本地磁盘表示机器的磁盘,可移动磁盘表示 USB 上插入的磁盘,USB 插入可移动存储设备后,才可以选择可移动磁盘,选择后文件和目录浏览器中会显示可移动存储设备中的目录和文件。

(8) 读取:读取选中的文件,仪器只能读取测量状态,因此需要把文件类型设置为状态,并且读取扩展名为.STA 的文件。

(9) 保存:将当前选择的文件类型的文件保存到当前选择的目录,保存前需要输入保存文件的名字,机器会自动增加扩展名,按确定完成保存操作。

(10) 拷贝:把选中文件拷贝到指定目录,选中需要拷贝的文件,在拷贝菜单下单击复制,并通过存储设备选择,浏览器和目录展开折叠操作选择需要拷贝到的目录,选中后点击粘贴完成操作。

(11) 重命名:重命名当前选择的文件或目录,单击后输入需要更改的名字,单击确定完成重命名。

15) 复位菜单

按"复位"键仪器将复位到默认状态或关机前状态。

9.3　SA3602 失真度测量仪

失真度测量仪是测量电路系统中非线性失真系数的电子仪器。在音频和高频设备或系统中,由于非线性源(二极管、晶体管、电子管)的非线性伏安特性,以及铁磁器件的非线性效应,使输出信号中增加了输入信号中所没有的频率分量,从而导致输出波形的失真,称为非线性失真。在音频系统中非线性失真是由放大器的非线性引起的,失真的结果是使声音失去了原有的音色,严重时声音会发破、刺耳。

失真度是用一个未经放大器放大的信号与经过放大器放大的信号作比较,被放大过的信号与原信号之比的差别,称为失真度,其单位为百分比。

SA3602 失真度测量仪可测量失真度范围在 0.01% ~ 50%,频率范围为 20 Hz ~ 20 kHz,电压范围在 100 mVrms ~ 300 Vrms(rms 表示有效值)的正弦波失真度、频率和电压有效值。

9.3.1　SA3602 失真度测量仪面板布局及操作说明

SA3602 失真度测量仪面板示意图如图 9.4 所示。

9.3.2　使用方法

(1) 被测信号接入输入端,左边的 4 位数码管显示的是信号的频率,右边 4 位数码管开机默认情况下显示的是失真度。

(2) 按下电压键测量电压有效值,右边 4 位数码管显示的数值为电压值;单位指示灯也会自动切换到 V 和 dBm 处。

(3) 按下"失真度"键测量失真度值,右边 4 位数码管显示的数值为失真度值;单位指示

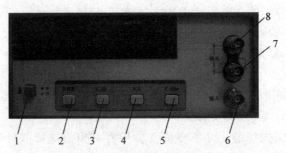

图 9.4　失真度测试仪面板

1—电源开关：按下后仪器上电；2—失真度键：将仪器换成测量信号失真度的状态；3—%/dB 键：
切换失真度的单位；4—电压键：将仪器切换成测量信号的电压有效值状态；5—V/dBm 键：切换电
压的单位；6—输入端口：被测信号输入端；7—输出 X 端口：被测信号输出端。接到示波器的 X 输
入端，与输出 Y 端口一起可观察李沙育图形；8—输出 Y 端口：被测信号抑制基波后的信号输出端。
接到示波器的 Y 输入端。与输出 X 端口一起可观察李沙育图形

灯也会自动切换到%处。

（4）测量时需要等待数值稳定后才能读取。如果测量失真度的时候显示"E"，说明失真
超过了 100%。

（5）根据需要选择合适的单位，在测量失真度时通过按%/dB 键使失真度单位在%和
dB 之间切换；在测量电压有效值时通过按 V/dBm 键使失真度单位在 V 和 dBm 之间切换。

注意：关机后再开机，间隔时间应大于 10s。

警告：切记不要在 X 和 Y 处输入信号，以免烧毁机内的芯片。

9.3.3　测试操作

1. 失真度测量

（1）被测信号应该是在 100 mVrms～300 Vrms 之间，频率范围在 20 Hz～20 kHz 之
间，失真度范围在 0.01%～50% 之间的正弦波。

（2）开机后仪器默认的状态是失真度测量，如果在测失真度之前是测量电压的状态请
按下"失真度"键来切换到失真度测量状态；接入被测信号后，仪器首先测量信号的频率，然
后通过调节内部电路来抑制基波；再将抑制基波后的信号适当地放大，通过有效值转换电
路测出其有效电压，再计算得出该信号相应的失真度，显示到数码管上就完成了一次失真度
的测量；测量时要等待一定时间，待显示数值稳定后读取失真度值。

2. 电压测量

（1）被测信号应该是电压范围在 3 mVrms～300 Vrms 之间，频率范围在 10 Hz～
20 kHz 之间。

（2）开机后仪器默认的状态是失真度测量，按下"电压"键使仪器切换到电压测量状态。
接入被测信号后，仪器内部会根据输入信号自动切换量程，信号通过有效值转换电路转换为
直流电压，通过 A/DC 采样测量其数值后显示到数码管上，完成一次电压测量；测量电压也
需要等待一定的时间，待显示数值稳定后读取电压有效值。

附录 A　元器件更换表

座位号：_____　　　学号：_____　　　姓名：_____

为了规范元器件的管理,使实习能够更加顺利地进行,望同学们能够遵守以下规定：

1. 元器件更换时间：电路板所有好的元器件装配完后或者调试过程中。
2. 更换条件：元器件损坏、遗失或者元器件标志不清。
3. 更换方法：① 保留好待更换器件,经老师检查记录后方可更换；
   　　　　　② 此表每人一张,按要求填写好表格,交老师备查,课程结束时上交；
   　　　　　③ 填写完整完后交给老师更换元件,未经老师同意,不可自取元器件。

元件名称	图纸标志(参照图纸)：元件规格(每格只填一个元器件)			
	装配完成后(请统计完整后再更换,仅换一次)			
例：	C401：1000μF/50V	Z201：SLN-38F	Q201：9014	N201：D7611AP
电容				
电感				
二极管				
三极管				
滤波器				
集成电路				
其他元件				

电路调试过程中(按实际需要更换)

更换元件	故障现象	原因分析
例 Q202：1815	E、B、C 极电压均为 12V	三极管被烧坏

教师记录填写：